언제 어디서나 갖고 다니며 펼쳐보는 **작고 알찬**

임신 출산 핸디북

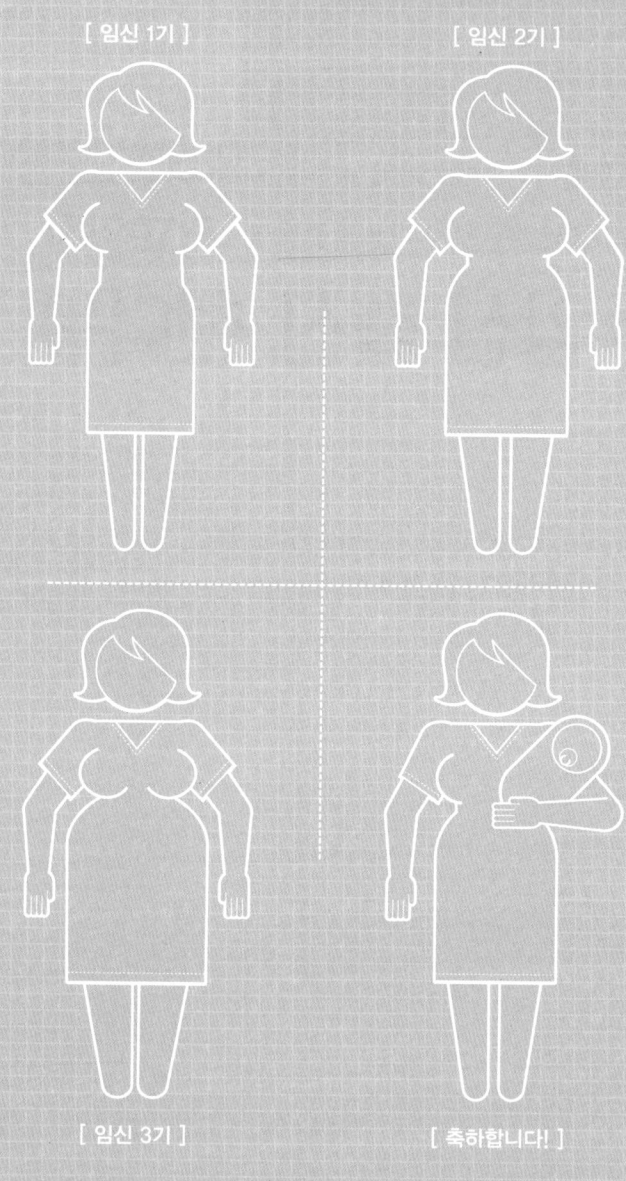

언제 어디서나 갖고 다니며 펼쳐보는 **작고 알찬**

임신 출산 핸디북

| Contents |

prologue
임신을 축하합니다! ———————————————— 08

chapter 1 준비되었나요? 임신입니다!

임신이 되기까지의 과정 ———————————— 17
- 배란 ————————————————————— 17
- 수정 ————————————————————— 18
- 착상 ————————————————————— 19

임신을 알려주는 신호 ———————————— 22
임신 여부를 확인하는 방법 ———————— 24
임신 소식 알리기 ——————————————— 25
- 알리는 시기 ——————————————— 25

출산할 곳을 선택하는 요령 ———————— 29
- 의사 또는 조산사에게 물어보세요 —— 30

임신부에게 좋은 식사법 & 생활습관 —— 32
- 보충해야 하는 것 ——————————— 32
- 금해야 하는 것 ————————————— 34

아기에게 정말 위험한 것은? ——————— 36
쌍둥이를 임신했다면 ——————————— 42

chapter 2 임신 1기

임신 3~13주의 아기 성장 ———————— 50
임신 1기의 병원진료 ———————————— 52
이 시기에 이루어지는 부가 검사 ———— 56
아기 몸을 만드느라 엄마는 힘들어요 —— 57
건강에 좋은 습관 ——————————————— 62
- 임신 후의 체중 증가량 ———————— 63

채식 위주의 식사를 하는 임신부의 영양 섭취 ——— 64

입덧을 가라앉히려면 ——————————————— 68

임신 1기의 운동 요령 ——————————————— 70

• 적당한 운동량이 궁금해요 ——————————— 71

임신 중의 성생활 ————————————————— 76

chapter 3 임신 2기

임신 14~26주의 아기 성장 —————————————— 84

아기의 성별 ——————————————————— 86

임신 2기의 병원진료 요령 ———————————————— 87

• 2기에 하는 검사 ————————————————— 87

• AFP·트리플·쿼드 검사 ——————————————— 91

아기 몸을 만드느라 엄마는 힘들어요 ——————————— 92

임신복 고르는 요령 ——————————————— 95

잠자는 기술 ——————————————————— 98

• 임신기간에 숙면을 취하는 요령 ————————————— 98

감기나 독감에 걸렸을 때 ———————————————— 101

임신기간의 여행 ————————————————— 103

• 안전한 여행 요령 ———————————————— 103

임신부교실 수업 듣기 —————————————— 108

chapter 4 임신 3기

임신 27~40주의 아기 성장 ————————————————— 116

이 시기에 이루어지는 검사 ——————————————— 115

• 몇 가지 부가적인 검사 ——————————————— 118

• 임신 3기에 생길 수 있는 합병증 ———————————— 120

• 이 시기에 이루어지는 검사 —————————————— 121

아기 몸이 거의 만들어졌어요 ——————————————— 123

이 시기에 생각해야 하는 것들 ——————————— 125
- 아기 이름 ——————————————————— 125
- 소아과 고르기 ———————————————— 125
- 기타 전문가 ————————————————— 127

출산이 다가온다 ———————————————— 130
- 분만 외에는 아무것도 두려워하지 마라 ——————— 133

출산 축하파티 준비하기 ——————————————— 138
- 출산 축하파티를 잘 마치려면 ——————————— 140

chapter 5 신생아용품과 아기 방

꼭 필요한 물건 ———————————————————— 145
있으면 좋은 아기용품 —————————————————— 150
나중에 사도 되는 물건 ————————————————— 153

chapter 6 예비아빠들이 알아야 해요

아빠가 된다는 사실 받아들이기 ——————————— 158
아빠 병원 검진 참여 ————————————————— 164
진통이 오기 전에 할 일 ———————————————— 167
분만과정을 잘 도와주는 방법 ————————————— 170
- 탯줄 자르기 ——————————————————— 174

chapter 7 드디어 아기가 태어났어요!

출산이 가까워지는 신호 ———————— 183
병원에 입원하기 ———————————— 190
분만이 진행되는 과정 ———————— 193
 • 분만 1기 —————————————— 193
 • 분만 2기 —————————————— 195
 • 분만 3기 —————————————— 195

통증을 줄이는 요령 ———————————— 199
 • 진통제에 대한 상식 ———————— 203

분만실에 들어갔을 때 ———————— 206
소중한 순간 사진으로 남기기 ———— 211

chapter 8 이제 엄마랍니다!

반갑다, 아가야! ———————————— 216
엄마 품에 안기기 전의 과정 ———— 220
아기가 처음으로 받는 검사 ———— 220
출산 후의 궁금증 ———————————— 221
모유수유에 성공하는 요령 ———— 225
아가야, 집에 가자! ———————————— 227
 • 산후회복 과정에서 나타나는 증상 ———— 228

이제 엄마랍니다! ———————————— 230

prologue

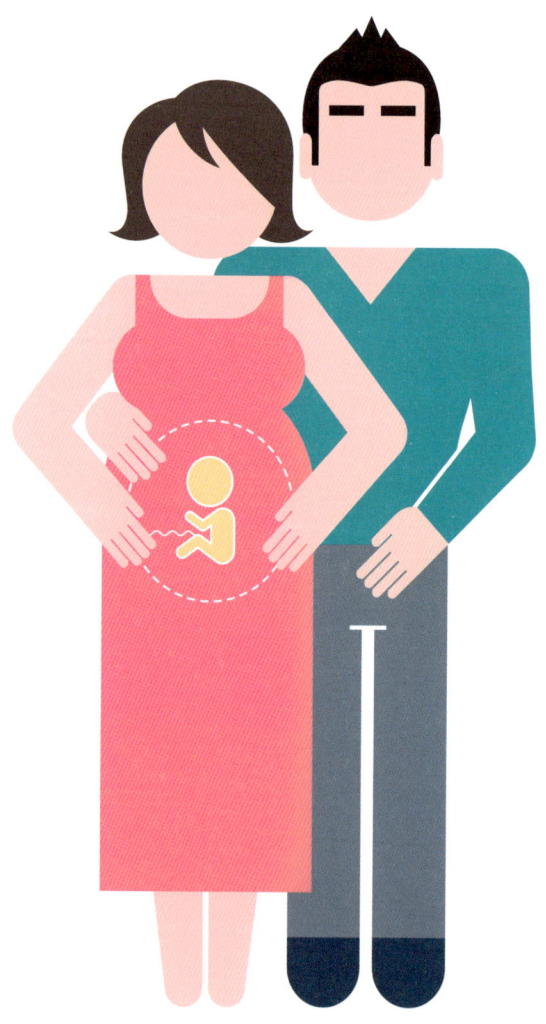

임신을 축하합니다!

아기를 낳을 때만큼 행복한 순간이 또 있을까요? 그야말로 한없이 기쁘고 경이롭고 한편으로 안심이 되는 순간입니다. 전처럼 똑바로 누워 잘 수 있고 지긋지긋한 입덧에서 벗어날 수 있다는 점도 빼놓을 수 없겠죠.

하지만 이 기쁨은 쉽게 얻어지는 게 아닙니다. 임신했다는 사실을 아는 순간 대부분의 예비엄마들은 아주 막막한 기분을 느낍니다. 새로 알아야 하고 준비해야 하는 것들이 너무 많은데다, 전에는 느껴보지 못한 몸의 변화가 많이 생기기 시작합니다.

심지어 뭔가 잘못된 건 아닐까 걱정이 되기도 합니다. 너무 자주 소변을 보고, 가슴은 두근거리고, 분비물이 많아지고, 치질이 생기고, 졸리고, 자꾸만 기분이 나빠지고, 방귀가 자주 나오는데 괜찮은 걸까 걱정스럽지만, 이 모든 게 정상입니다. 이런 변화를 통해 아기에게 쉽게 익숙해질 준비를 하는 것입니다.

아기를 위해 모든 일을 완벽하게 해야 하고 매사 꼼꼼하게 신경 쓰는 예비엄마라면, 임신기간이 마치 전 과목에서 A+를 받아야 하는 시험기간처럼 느껴질 수도 있습니다. 하지만 이 험난한 과정을 거쳐 아이를 품에 안을 무렵이면 나름대로 많은 지식이 쌓인답니다.

우리 몸은 스스로 임신과정을 순조롭게 진행합니다. 처음부터 끝까지 모두 알아서 아이가 세상 밖으로 나올 준비를 하니, 엄마는 아무것도 안 해도 됩니다. '눈은 어떻게 만들지?', '귀나 코 같은 기관을 최상의 상태로 만들려면 어떻게 하지?', '출산 후에 자궁 경부가 10cm 수축하도록 하려면 어떻게 해야 하지?'와 같은 걱정은 필요 없습니다. 엄마가 이런 걱정을 하든 하지 않든 임신한 지 40주 후에 아이는 세상에 태어납니다.

그렇다고 해도 쓸데없는 걱정거리를 만들지 않으려면 임신이 어떤 과정으로 진행되는지, 그 과정에서 생기는 문제에 어떻게 대처해야 하는지 알아두는 것이 좋습니다. 이 책은 세포 한 덩어리가 눈물 나게 아름다운 아기로 변하는 과정을 자세히 소개하고 있습니다. 언젠가는 그 아이가 자라 자기 아기를 어떻게 돌봐야 하는지 물어보는 날도 오겠지요.

그러면 이 책의 각 장에서 설명하고 있는 부분들을 살펴볼까요?

준비되었나요? 임신입니다!

가족의 탄생에 대해 이야기하고 있습니다. 자신에게 잘 맞는 병원과 의사를 찾는 요령, 임신 후 몸의 변화, 뱃속 아기의 성장에 대한 기본 지식을 하나하나 알려줍니다. 아기에게 좋다거나 나쁘다고 알려진 속설들, 엄마들이 흔히 하는 걱정에 대해서도 다루고 아이가 하나인 경우와 쌍둥이인 경우의 차이점도 설명했습니다.

임신 1기

임신 1~13주의 아기 성장에 대해 설명합니다. 이 부분을 읽고 나면 '왜 자도 자도 피곤할까?' 하는 의문이 풀립니다. 또한 산부인과에서 무엇을 하는지, 어떤 검사를 받는지, 몸에는 어떤 변화가 생기는지, 이 시기에 생기는 불편한 변화를 어떻게 줄이는지 쉽게 알려줍니다.

체중 증가와 음식에 대한 내용, 즉 피해야 할 음식이나 입덧을 줄여주는 음식, 식성의 변화에 대해서도 다루었습니다. 예를 들어 임신을 하면 왜 갑자기 즐겨 먹던 음식을 보기만 해도 구역질이 나는지, 그 이유를 과학적으로 알려줍니다.

임신 1기에는 심장 강화 운동과 함께 산도(아기가 태어날 때 지나가는 길)를 구성하는 근육을 단련하기 시작해야 합니다. 예비아빠들은 이 장을 통해 임신한 아내가 급격한 호르몬 변화를 일으키는 동안 해야 할 말과 해서는 안 될 말, 살아남는 법을 배우길 바랍니다. 아내가 어느 때보다도 예민해지는 시기이기 때문입니다.

임신 2기

임신 14~26주의 아기 성장에 대해 다루고 태아 성별 감별법, 산부인과 방문 시기와 검사, 신체의 변화, 임신복 입는 법, 코골이 예방법 등에 대해 하나하나 설명합니다. 감기에 걸렸을 때의 대처요령, 여행을 할 때의 주의사항, 사람들이 배를 못 만지게 하는 법도 알려줍니다. 또한 산모교실, 모유수유교실에 등록하는 방법, 예비아빠를 모든 과정에 동참시키는 요령에 대한 조언도 들어 있습니다.

임신 3기

임신 27~40주의 아기 성장에 대해 알려줍니다. 산부인과 방문 시기(3기에는 더 자주 방문합니다), 받아야 하는 검사, 출산에 임박해서 나타나는 몸의 신호에 대해서도 설명합니다. 이와 함께 아기 이름 짓기, 출산에 대한 두려움을 극복하는 요령, 출산준비물 목록, 출산 축하파티, 소아과와 산후조리원 선택 요령 등에 대한 조언도 다루었습니다.

신생아용품과 아기 방

출산 후 퇴원해서 아기와 함께 집에 오면 당장 필요한 물건과 나중에 준비해도 되는 항목을 다루었습니다. 아기에게 필요한 덩치 큰 가구를 고르는 요령에 대해서도 알려줍니다.

예비아빠들이 알아야 해요

예비아빠들을 위해 병원에 따라가는 요령, 육아휴가를 받는 방법, 쿠바드 증후군 등에 대해 설명했습니다. 진통이 올 때 아내를 병원에 데려가는 요령과 미처 병원에 도착하지 못했을 때 아기를 받는 방법, 이때 해야 할 일과 해서는 안 되는 일, 감정을 다스리는 요령에 대해서도 다루었습니다.

드디어 아기가 태어났어요!

출산이 임박하면 어떤 신호가 오는지, 분만은 어떤 단계를 거쳐 진행되는지 자세히 다루었습니다. 출산 자세나 통증 조절법, 아기 출생 후의 절차, 아빠의 역할 등에 대한 정보를 알려줍니다.

이제 엄마랍니다!

아기가 태어나고 나서 병원에 머무르는 동안의 과정, 즉 탯줄 절단, 예방 접종, 아프가 점수, 신생아 선별 검사 등에 대해 설명했습니다. 모자동실, 캥거루요법 등에 대해서도 다루어 아기와 함께 집에 돌아가기 전에 병원생활을 최대한으로 활용할 수 있도록 했습니다. 또한 자연분만, 제왕절개수술 후 산후 회복 과정에서 나타날 수 있는 증상도 알려줍니다.

무엇보다 이 책은 임신을 계획 중이거나 임신한 예비엄마들을 위해 만들었습니다. 물론 이 책은 보편적인 경우에 해당되는 내용을 다루었으므로 각자의 상태에 대해서는 담당의사와 상의해야 합니다.

　책의 내용은 펜실베이니아 보건대학의 산부인과 교수인 데이비드 우프버그 (David Ufberg) 박사에게 자문을 구했습니다. 우프버그 박사는 이 책 전반적인 내용에 대해 전문가로서 의견을 주었으며, 특히 '의사의 한마디', '아빠만 보세요' 같은 내용은 직접 썼습니다.

　임신기간을 너무 편하게 보냈든 아니면 '다신 아기를 가지지 말아야지' 하는 생각이 들 정도로 고통스러웠든 작고 귀여운 아기가 태어나는 순간 모두 잊게 됩니다. 실제로 여성들은 출산 후 임신성 기억상실증을 겪기 때문에 아기를 또 임신하고 낳는 과정을 새롭게 느낀다고 합니다. 임신에 대한 올바른 정보가 있으면 낮잠도 잘 자고 건강에 좋은 음식을 먹으며 귀여운 아기 옷을 준비하면서 보다 편안한 임신기간을 보낼 수 있습니다.

　　부모가 되신 것을 다시 한 번 축하드립니다!

Chapter 1

준비되었나요?
임신입니다!

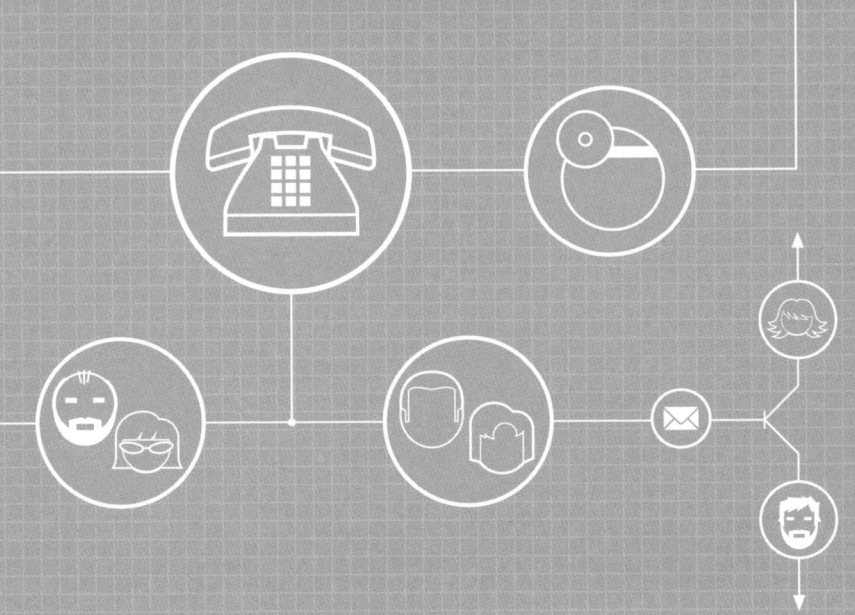

보통 피임을 하지 않으면 바로 임신이 되는 줄 알지만 그런 경우는 드물다. 정자와 난자는 3~6개월이 지나서야 비로소 처음 만난다. 무슨 일에든 타이밍이 중요하다.

여성의 몸은 달마다 조금씩 바뀐다. 시계처럼 정확히 28일 생리주기를 지키는 여성도 스트레스나 먹는 음식, 체중 변화, 최근에 앓았던 질병 등으로 인해 생식기와 관련된 호르몬에 변화가 생길 수 있다.

여기에 남성의 조건도 영향을 미친다. 정자는 완전히 방향치라서 자기 주인과 마찬가지로 엄청난 기세로 길을 가면서도 방향을 묻지 않는다. 배란이 되지 않은 나팔관 쪽으로 가는 정자도 수없이 많다. 이런 변수 때문에 정자 하나가 난자를 만나 임신이 되는 것은 말 그대로 하늘의 별따기만큼 어려운 일이다.

임신이 뜻대로 되지 않고 몇 개월씩 걸리기도 한다는 사실은 모든 일을 계획대로 착착 진행시키려는 여성에게는 무척이나 당황스러울지 모른다. 하지만 아기를 만드는 과정은 즐거워야 한다는 사실을 잊지 말자. 임신은 과학 숙제가 아니다.

 아빠만 보세요

많은 남편들은 아내가 임신을 위해 노력한다는 사실을 알면 마치 정자 제공자가 된 듯한 느낌을 받는다. 부부가 이 시기만큼 자주 성관계를 가진 적이 없지만 전희나 로맨스 따위는 잊은 지 오래고, 침대에 누워 있는 목적은 오로지 아이를 만드는 것이다.

임신이 되기까지의 과정

배란

배란은 임신에 꼭 필요한 과정으로 여성의 난소 안에서 이루어진다. 난소에는 '난포'라는 물주머니가 있는데, 난자는 이 안에서 둥둥 뜬 채로 성숙한다. 고조기가 되면 뇌의 지시에 따라 난자를 배출시키는 호르몬이 분비된다. 성숙된 난자는 배란이 돼 난소 밖으로 나온 후 나팔관을 따라 자궁 쪽으로 내려간다.

몸의 변화를 주의 깊게 관찰하면 배란 사실을 알 수 있다. 배란이 진행될 때 여성들이 느끼는 복부 증상을 '배란통'이라고 한다. 배가 더부룩하거나 경련이 있을 때, 배란된 쪽이나 반대쪽에 통증이 느껴질 때는 배란통이 의심된다. 배란된 난자가 정자를 만나지 못하면 죽으면서 사용할 일이 없어진 자궁내막과 함께 떨어져 나와 생리가 시작된다.

배란통 외에 배란을 알려주는 신호가 몇 가지 더 있다.

1 자궁경부에서 묽은 분비물이 나와 정자가 질을 따라 잘 올라가도록 돕는다. 때문에 배란기가 되면 분비물이 많아지는 느낌이 있다.

2 소변 속 황체호르몬(LH)의 양을 측정해 배란을 알려주는 자가진단 키트가 있다. 황체호르몬 수치가 높아지면 임신 가능성도 높아진다. 보통 이 호르몬이 한바탕 휩쓸고 난 24시간 후에 배란이 되므로 이때 아기를 만들 날짜를 잡을 수 있다.

3 배란기 여성의 기초체온은 평소보다 0.5~1℃ 정도 높아진다. 평소 기초체

온을 재는 습관을 들이면 임신 가능성이 높은 시기를 쉽게 알 수 있다.

 의사의 한마디

임신계획을 세우면 실제로 난자와 정자가 수정이 되기 몇 달 전부터 준비를 해야 한다. 임신하기에 적당한 체중을 만들고, 나쁜 습관을 버리고, 식습관을 바꾸는 등의 준비를 한다. 임신 3~6개월 전부터는 산부인과를 찾아 검사를 받는 것이 좋다. 자궁경부암 검사와 혈액 검사를 하고, 맞지 못한 예방주사를 맞고, 앓고 있는 질병이 있다면 치료한다. 임신 2~3개월 전부터는 엽산과 임신부용 비타민도 복용하는 것이 좋다.

수정

한 번 사정을 하면 수백만 마리의 정자가 나오고, 이중에 운 좋은 한 마리의 정자만 난자와 만나 수정된다. 정자가 나팔관을 따라 내려오기 시작하면 빠른 시간 안에 난자에 도달해야 한다. 난자는 12~48시간 내에 죽어버리기 때문에 일분일초가 아쉽다. 질과 자궁경부, 자궁 내부를 거쳐 나팔관에 도달하는 과정에서 대부분의 정자가 길을 잃고 가까스로 도착한 나팔관에서도 또 상당수가 죽는다. 정자는 5~7일 정도 생존하기 때문에 성숙된 난자가 내려왔을 때 정자가 이미 그곳에 도착해 있다면 임신 확률이 높아진다.

- 정자와 난자가 만나면 살아남은 정자들은 보호막을 뚫고 난자로 들어가 수정하기 위해 치열하게 경쟁한다.
- 경쟁에서 이긴 단 한 마리의 정자가 난자와 결합하면 정자와 난자의 세포벽이 깨지면서 하나로 합쳐진다.
- 수정이 된 난자는 다른 정자의 침입을 막기 위해 '반응대(zona reaction)'라

는 벽을 만든다.

- 패자가 된 정자들은 장렬히 죽음을 맞이한다.

 의사의 한마디

정자는 여성의 생식기 안에서 5~7일간 살 수 있기 때문에 성관계를 한 날에만 임신이
되는 것은 아니다.

착상

어렵게 난자와 정자가 만나 수정이 되지만 수정란이 자궁벽에 제대로 착상하
지 못할 수도 있다. 난자와 정자가 만나 염색체를 뭉쳐 DNA를 교환하고 46쌍
짜리 완벽한 염색체 세트를 구성해도 이 접합체가 자궁 안에서 넘어야 할 산
이 아직 남아 있는 셈이다.

자궁벽에 안착되는 데 걸리는 3~7일 동안 접합체는 포배낭이 된다. 포
배낭이 자궁벽에 자리 잡을 때 약간의 출혈을 보이기도 하는데, 이것을 생
리혈로 착각하는 경우도 있다. 태반이 자라면서 HCG(human chorionic
gonadotropin ; 임신 융모막 호르몬)를 만들어내는데, 몸 안에 HCG 농도가
충분히 높아지면(48시간에 두 배씩 높아진다) 소변을 이용해 자가 테스트를
했을 때 양성 반응이 나온다. HCG가 어느 정도 수치에 도달하면 입덧이 시작
된다.

이때부터 본격적으로 임신임을 알 수 있다.

생식주기

배란

① 난소에서 난자가 성숙된다.

② 성숙된 난자가 배란돼 나팔관으로 내려온다.

배란의 신호

③ 점액성 분비물이 증가한다.

④ 자가 테스트로 알 수 있다.

⑤ 기초체온이 상승한다.

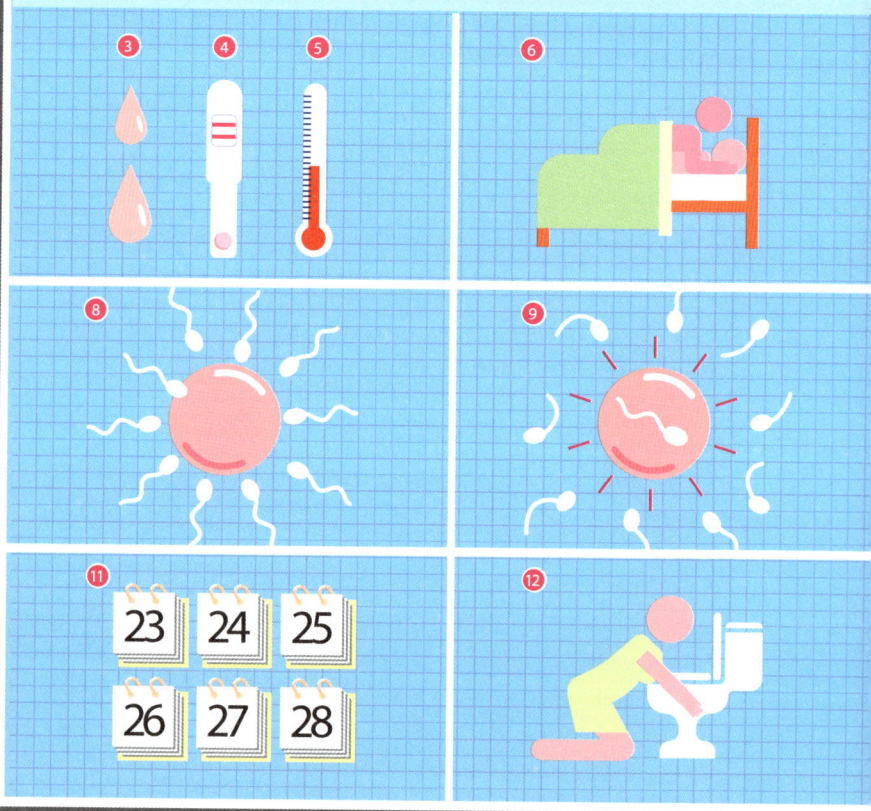

수정

6 사정을 통해 정자 수백만 마리가 나오고,
이 중 하나만 난자에 수정된다.

7 정자가 질, 자궁경부, 자궁, 나팔관을
거슬러 올라가 난자에 도달한다.

8 정자는 난자와 만나면 보호막을 뚫기 위해 노력한다.

9 수정 후 나머지 정자들은 모두 죽는다.

착상

10 접합체가 자궁벽에 자리 잡는다.

11 이 과정에 3~7일이 걸린다.

12 입덧이 시작된다.

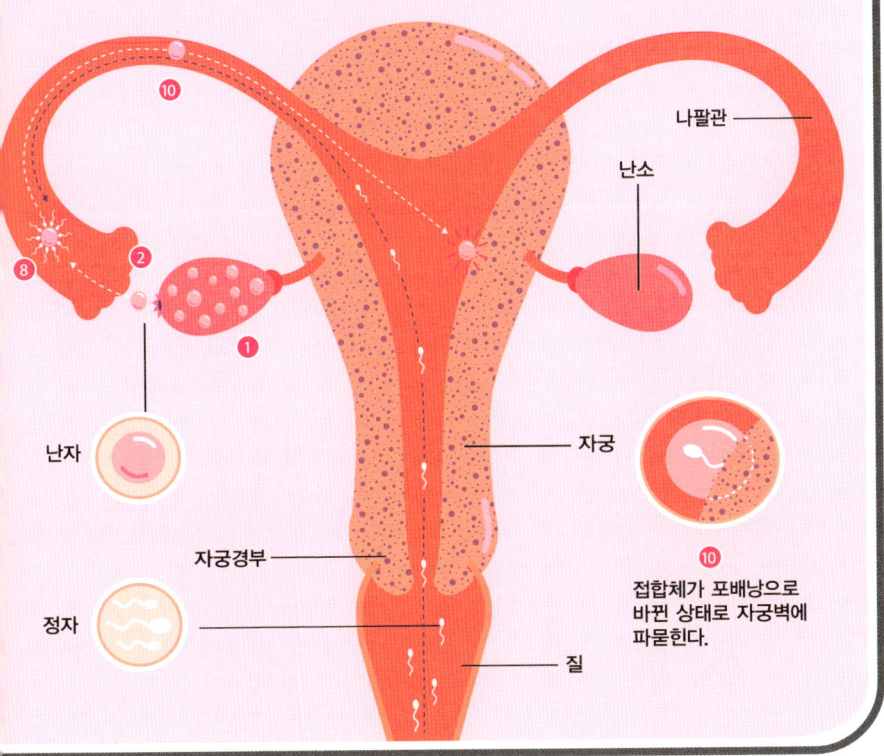

난소

나팔관

난자

자궁

자궁경부

정자

질

10 접합체가 포배낭으로
바뀐 상태로 자궁벽에
파묻힌다.

임신을 알려주는 신호

임신이 되면 예비엄마는 몇 주 지나지 않아 자기 몸에서 무슨 변화가 생기고 있다는 사실을 알아차린다. 임신을 알려주는 초기 신호는 다음과 같다.

가슴의 변화 | 임신하면 에스트로겐과 프로게스테론이라는 호르몬 때문에 며칠 안에 가슴에 변화가 생긴다. 가슴이 찌릿하거나 아프고 묵직하게 느껴지기도 하며, 유두와 유륜이 검어지는 경우도 있다.

복부의 통증 | 자궁이 늘어나면서 배가 아프다. 늘어난 근육은 다시 수축하려는 성질이 있기 때문에 자연스레 나타나는 현상이다. 몸을 구부려서 발가락을 잡아보면 근육과 인대가 당기는 느낌이 드는데, 바로 자궁근육과 이를 받쳐주는 인대에서 받는 통증이다. 그러나 통증이 너무 심하거나 출혈이 동반되면 얼른 병원에 가봐야 한다.

피로 | 임신 1기에는 매우 피곤하다. 피곤하면 충분히 쉬는 게 최선이다. 피로감은 임신 13주가 지나면 대개 줄어든다.

입덧·후각 예민증 | 구역질과 구토를 동반하는 입덧 증상은 더 일찍 나타나기도 하지만 대개 임신 5주 정도에 시작된다(p.69 참고).

소변 횟수 증가 | 프로게스테론의 영향과 함께 방광 위에 자리하고 있는 자궁이 점점 커지면서 방광을 누르기 때문에 나타나는 증상이다. 호르몬과 자궁의

압박 때문에 실제로 방광에 차 있는 소변의 양이 적어도 방광 근육의 운동이 활발해지는 것이다. 소변을 보다 통증이 느껴지면 감염 때문일 수 있으므로 병원에 가보는 것이 좋다.

생리를 거르거나 생리량 감소 | 수정란이 자궁 내막에 착상할 때 출혈이 일어난다. 보통 출혈의 양이 적고 잠깐 동안만 나온다. 그러나 임신 초기에는 조금이라도 출혈이 있으면 담당의사에게 상의하는 것이 안전하다. 때로는 유산이나 자궁외임신 때문에 출혈을 보이는 경우도 있다.

 아빠만 보세요

아내가 느끼는 임신 초기 증상은 남편들 역시 고난의 시기에 접어들었다는 신호다. 보다 적극적으로 아내의 신체적 변화와 감정적 어려움을 감싸주고 덜 피곤하게 도와줘야 한다. 아빠도 마음의 준비가 필요하다.

임신한 아내의 가슴이 커진다는 사실이 신기하고 기쁘기도 하겠지만 만졌다간 큰일난다. 임신기간에는 가슴이 아프고, 심지어 엎드려 자지 못하는 여성들도 있다.

아이를 갖기 위해 자주 섹스를 하던 부부라면 임신 후 아내가 심하게 피로해하는 상황이 견디기 힘들 수 있다. 하지만 뱃속에 아이를 기르는 일은 중노동이고, 호르몬의 변화 때문에 아내는 에너지가 부족해진다. 불평하기보다는 생각을 바꿔 지금 상태를 즐기는 것이 백번 낫다. 모처럼 TV 리모컨을 독차지하고 스포츠 경기나 액션 영화에 빠져보는 것도 좋다.

아내가 입덧을 할 때는 화장실에 따라가서 도와준다. 아내가 토하는 모습은 쳐다보지 않으면서 머리카락에 묻지 않도록 살짝 들어 올려주면 좋다. 보기 불편하더라도 소중한 아기를 품에 안기 위해 거쳐야 하는 과정이다.

체모 · 손발톱 성장 | 임신을 하면 호르몬 변화 때문에 머리카락과 손톱이 잘 자란다. 자연스러운 변화 중 하나지만 털이 신경 쓰인다면 제거해도 괜찮다.

임신 여부를 확인하는 방법

임신 테스트기 | 태반에서 만들어지는 HCG(human chorionic gonadotropin; 임신 융모막 호르몬)가 소변 속에 들어 있는지 검사하는 방법으로, 바로 결과를 알 수 있다. 정밀한 테스트기는 임신 6~8일째에 HCG가 20~25mL가 되면 임신 확인이 가능하다. 배란 후 9~10일이 되면 더 확실한 검사 결과가 나오고, 생리 날짜가 지날 때까지 기다려보면 가장 정확하다. 난자와 정자가 만나는 시기는 배란일 전후로 며칠이다. 수정된 태아가 착상하는 데 시간이 오래 걸리면 HCG 분비도 더 늦어진다. HCG 농도가 늦게 올라가는 경우 실제로는 임신이지만 음성 결과가 나오기도 한다. 이럴 때는 며칠 후에 다시 테스트를 하면 양성이 나온다. 하지만 임신이 아닌데 양성이 나오는 경우는 드물다.

혈액 검사 | 혈액 속에 HCG가 있는지 검사한다. 임신 일주일 후면 검사가 가능하고, 결과는 1~2일 후에 나온다.

초음파 검사 | 초음파를 통해서는 임신 5주 반이 되면 확인이 가능하다. 아기의 심장소리는 6~7주에 들을 수 있고, 8주면 아기 모습과 심장박동이 쉽게 확인된다.

임신 소식 알리기

두 줄이 선명한 임신 테스트기를 확인하는 순간의 기쁨은 말로 표현하기 힘들다. 그렇다면 언제쯤 이 기쁜 소식을 가족과 친구, 동료, 아이들에게 알려야 할까? 즉, 언제쯤 확실히 임신이 되었다고 말할 수 있는 걸까?

알리는 시기

옛 어른들은 1기 말이 되어 아기 심장박동 소리가 들릴 때까지 기다리라고 했다. 우리 몸이 스스로 잘못된 임신을 초기에 걸러내는 능력이 있다고 믿었기 때문이다. 유전자에 이상이 있거나 신체적 결함이 있는 경우라면 심장박동이 들리는 단계까지 살아남지 못한다는 이야기다.

현대의학의 발전 덕분에 임신 6~8주가 되면 초음파로 아기의 심장소리를 들을 수 있다. 이제 아기는 엄마 몸에서 받는 첫 시험을 무사히 치르고 쑥쑥 자란다. 이 단계가 되면 유산 확률은 3% 미만으로 낮아진다.

때문에 임신 8주가 지나면 주변에 이야기해 임신 사실을 알려도 좋다. 그래도 조심스럽다면 유산이 될 경우를 생각해 진심으로 위로해줄 수 있을 만한 이들에게만 먼저 알린다.

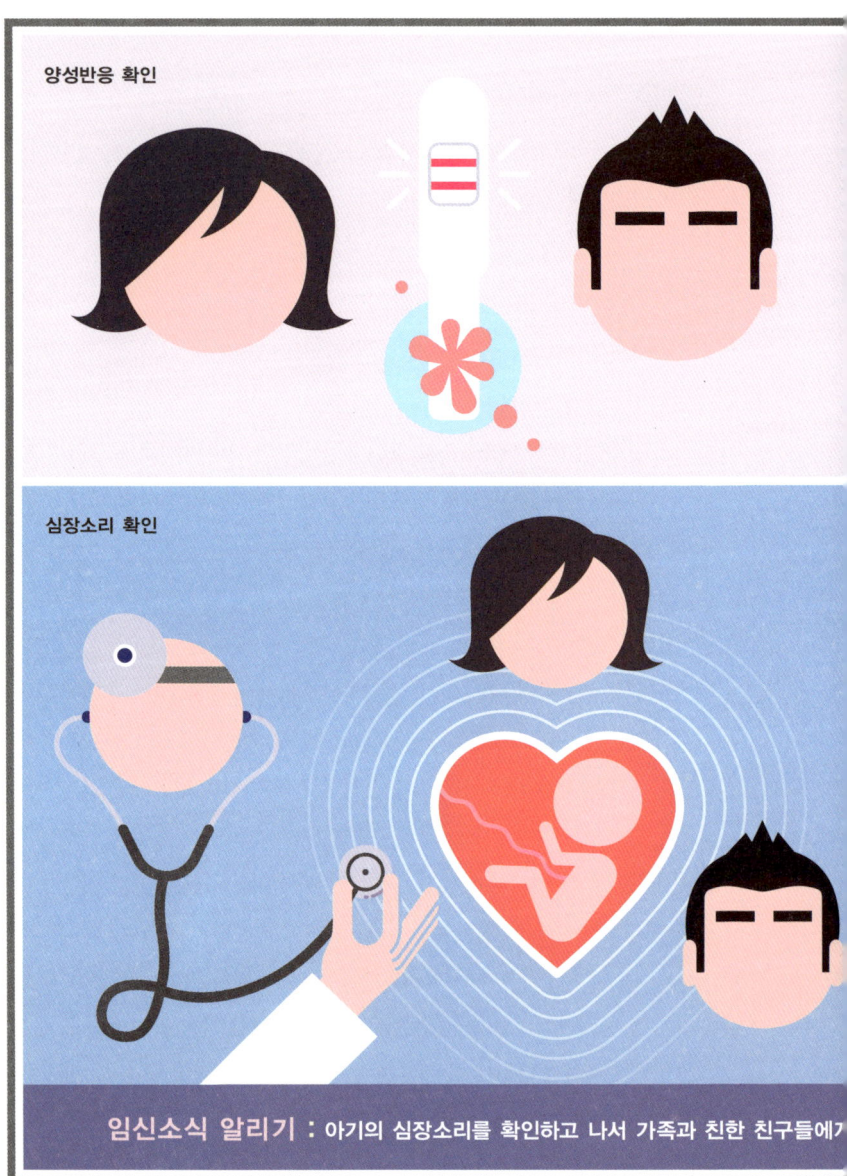

양성반응 확인

심장소리 확인

임신소식 알리기 : 아기의 심장소리를 확인하고 나서 가족과 친한 친구들에게

임신 사실을 알린다.

1 가족 모임은 자연스럽게 임신 사실을 알리기에 좋은 기회다.

2 한 사람씩 연락해서 소식을 알릴 때는 "가능하면 제일 먼저 소식을 전하고 싶었다"는 이야기를 해서 늦게 연락 받은 사람이 기분 상하지 않도록 하는 것이 중요하다.

3 상대방이 "누가 이 소식을 또 아느냐?"고 물으면 "최대한 빨리 모두에게 이 사실을 알리려고 한다"고만 말한다. 아기가 생겼다는 사실 자체를 강조하고, 알린 순서에 대한 언급은 되도록 피하는 것이 좋다.

4 직장 상사나 고용주에게도 빨리 임신 사실을 알린다. 임신으로 인해 일에 영향을 주는 경우에는 더욱 그렇다. 산부인과에 가거나 임신 초기에 몸이 좋지 않을 때 휴가를 받아야 될 수도 있다.

임신을 아무리 숨기려고 해도 사람들의 의심을 살 만한 상황이 생길 수 있다. 갑자기 화장실로 달려가거나 좋아하던 커피를 안 마시기라도 하면 다들 이상하게 여긴다. 나중에 사정을 말하면 다 이해를 하니 이때는 걱정 말고 아니라고 한다. 당장 말하지 않고 좀 기다려야 하는 이유가 더 있다.

- 몇 명한테만 말하더라도 소문은 퍼지기 마련이다. 더군다나 좋은 이야기이기 때문에 더 빨리 퍼진다.
- 나의 임신 사실이 공공의 뉴스처럼 되고 만다. 뱃속의 아기가 모두의 관심사가 되어버리고 친구는 물론 그저 얼굴만 아는 사람들, 심지어 모르는 사

람들까지도 자기가 아는 임신과 관련된 각종 이야기를 해줘야 할 것만 같은 기분에 사로잡히게 된다.

- 사랑하는 사람들에 둘러싸여 약속한 날까지 비밀을 지키기로 하고 이 특별하고 귀한 시간을 즐기고 싶다.
- 주변사람, 특히 동료들을 지겹게 할 수 있다. 말을 하고 나면 임신했다는 소식은 임신부 자신에게는 세상에서 가장 중요한 뉴스가 되어버린다. 일단 주변에 이야기하고 나면 임신에 대해서 자주 이야기하게 되고, 주변사람들은 여기에 지루해한다. 임신 1기가 끝날 때까지 말을 하지 않는다면, 첫 3개월 동안 임신부의 몸에 나타나는 변화와 걱정, 당황스러움에 대해 세세한 부분까지 듣는 고충을 그만큼 줄여주는 셈이다.

출산할 곳을 선택하는 요령

임신 사실을 알았다면 가장 먼저 출산할 곳을 잘 선택하는 것이 중요하다. 이때 선택하는 의사가 40주라는 긴 시간 동안 가르침과 확신, 용기를 주게 된다. 병원이나 조산원, 또는 집에서 아이를 낳을 수 있다. 선택의 폭이 넓지는 않지만 어디를 고르느냐에 따라 많은 차이가 있다.

산부인과 | 산부인과에 가면 임신부와 태아는 안전하고 빠르게 검사와 처방, 수술을 받을 수 있다.

주산의학(임신과 출산, 산욕기에 이르는 기간에 일어나는 모체와 태아의 생리적 변화와 질환을 담당하는 산부인과의 한 분과)을 전공한 의사가 있는 산부인과 의사가 있는 곳이면 더욱 좋다. 고위험 임신부에 속하는 경우, 즉 다태아를 임신하거나 의학적인 문제가 있는 경우, 유산이나 난산 경험이 있는 경우, 혹은 임신기간 동안 건강에 문제가 생긴 경우에는 이곳으로 의뢰된다. 일반 산부인과에서 하는 진료를 받으면서 위험도가 높은 산모를 진료한 경험이 많은 전문의에게 진료를 받을 수 있어서 좋다.

조산사 | 조산원에서는 전반적인 개개인 맞춤형 관리를 받을 수 있다. 그러나 의료기기로 아기의 상태를 모니터할 수 없고 무통분만이 안 된다. 회음부 절개는 하지 않는다. 건강에 별 문제가 없는 산모가 이용하는 것이 좋다.

의사 또는 조산사에게 물어보세요

우선 병원이나 조산원 등 마음에 드는 곳을 몇 군데 고른다.

1 가족과 친구에게 추천을 받고 잡지에 소개된 내용도 참고한다.

2 인터넷으로 정보를 모은다. 전문 자격을 가졌는지도 확인한다.

3 상담 예약을 잡는다(상담료가 별도로 청구되는지 물어본다).

　그런 다음 직접 찾아가서 궁금한 점을 꼼꼼히 물어본다. 언제 아기를 낳으러 가야할지 모르는 상황이므로, 중요한 사항부터 물어본다. 확인해야 되는 내용은 다음과 같다.

● 아기를 몇 명이나 받았나?

- 아기를 낳기 전까지 몇 번이나 병원(조산원)에 와야 하나?
- 병원에 의사가 몇 명이나 더 있나? 의사들의 진료 경력은 얼마나 되나?
- 선생님이 아기를 받아줄 확률이 얼마나 되나?
- 제왕절개 비율이 얼마나 되나?
- 무통분만에 대해 어떤 생각을 갖고 있나?
- 협력병원이나 조산원이 가까운 곳에 있나?
- 병원에 의대 실습생들이 있나? 출산과정이나 제왕절개를 할 때 학생들이 참여할 수도 있나?
- 이 분야의 전문의인가?
- 조산사의 경우 출산 중에 아이나 산모에게 의학적인 응급상황이 발생했을 때 어떻게 처리하나?
- 병원에서 처치 받아야 할 일이 생겼을 때 어떻게 병원까지 가나?

이뿐 아니라 의사나 조산사가 임신부와 궁합이 맞는지도 봐야 한다. 새로운 경험을 하는 산모의 불안한 마음을 다독여주고 자신감을 북돋워주는 섬세함을 가진 사람이 좋다.

- 출산에 대한 기대와 희망을 이야기하는 동안 책상 아래서 몰래 휴대폰으로 문자메시지를 보내고 있지는 않는가?
- 임신기간 동안 날씬하게 지낼 수는 없냐는 말을 비웃지는 않는가?
- 출산계획이나 출산에 대한 걱정을 토로할 때 귀담아듣지 않거나 비아냥거리는가? 아니면 경청하고 고개를 끄덕이며 공감을 하는가?
- 어색함을 누그러뜨리려고 한 재미없는 농담에도 웃어주던가?

- 편안한 느낌을 주고 세심하게 환자를 배려하는 느낌이 들던가?
- 의사선생님 이름을 따서 아이 이름을 짓고 싶은 마음이 들지는 않는가?

마음에 드는 의사나 조산사를 찾았다면 바로 예약을 한다.

임신부에게 좋은 식사법 & 생활습관

달콤한 초콜릿 브라우니, 맥주, 포테이토칩 같은 음식은 가끔 먹어도 태아에게 해가 되지 않지만 자주 먹을 만한 음식은 아니다. 우리 몸이 아기 몸을 만드는 동안은 할 수 있는 좋은 일은 다 해주어야 한다. 곡류와 채소, 과일을 충분히 먹고 지방과 당분은 적게 섭취해 균형 잡힌 영양을 공급한다.

이미 건강한 식습관을 갖고 있는 임신부라도 아기가 자라는 동안 몇 가지 보충하거나 빼야 할 것이 있다.

 의사의 한마디

인류가 동굴에 살던 시절에도 별 문제없이 잘 살아남아 번성했다. 요즘 같은 현대 사회에서는 아이와 임신부에게 필요한 영양분을 충분히 공급받을 수 있다.

보충해야 하는 것

엽산 | 비타민 B의 한 종류로 잎채소나 바나나, 아보카도, 유자, 렌틸콩, 요구르트 같은 식품에 많이 들어 있다. 엽산은 일반인들에게도 꼭 필요한 영양소지만 임신부에게 특히 중요하다. 발육 중인 태아의 척추와 신경관 발육 이상

(이분척추, 무뇌증 등)이 나타나지 않도록 돕는다. 아기가 처음 생기고 중요한 장기를 만드는 첫 몇 주 동안 엄마의 몸속에 충분한 양의 비타민 B_6가 있어야 하므로 임신 전부터 엽산을 섭취하는 것이 좋다.

임신부용 비타민 | 임신으로 인해 부족해지기 쉬운 영양소를 보충하는 데 도움이 된다. 임신부용 비타민 제제는 크기도 크고 일반 여성용 멀티비타민 제제보다 임신기간 동안 꼭 필요한 엽산, 철분, 칼슘 등의 함량이 높다. 반면 과량을 섭취했을 때 태아에게 해로운 비타민 A의 함량은 오히려 낮다.

　임신부용 비타민은 상품에 따라 철분 함량이 다양하다. 임신 1기에는 태아에게 필요한 철분의 양이 상대적으로 적고 철분이 입덧을 악화시키기 때문에 장이 예민한 경우에는 미리 의사와 상의해서 철분이 적게 들어 있거나 들어 있지 않은 비타민을 복용하는 것이 좋다.

 의사의 한마디

임신부용 비타민 속에 든 철분 때문에 소화기 부작용을 보일 수 있다. 따라서 구역질이 심해지는 시간에는 잠들어 있도록 잠자리에 들기 직전에 비타민을 복용하는 것이 좋다.

칼슘 보조제 | 균형 잡힌 식사를 하면서 동시에 칼슘이 포함된 임신부용 비타민을 복용하면 임신부와 태아에게 필요한 영양소를 모두 공급받을 수 있다. 칼슘은 속 쓰릴 때 먹는 탄산칼슘 제제를 먹어도 보충되는데, 이렇게 하면 입덧 증상이 가라앉는 효과도 있다.

오메가 3 지방산 | 임신부는 물론 수유하는 여성에게 꼭 필요한 영양소다. 특히 수은 독성과 폴리염화비페닐 오염 때문에 생선 섭취를 제한해야 하므로 오메가 3 섭취가 더욱 중요하다(p.37 참고). 오메가 3는 태아의 신경조직 발육과 조기 시력 형성에 중요한 역할을 한다. 임신부용 비타민 제제 중에는 어유(생선기름)나 아마씨유에서 추출한 다중불포화 지방산을 함유한 것들도 있다. 현재 복용하는 비타민에 오메가 3가 안 들어 있으면 약국에서 따로 구입하면 된다. 자신에게 잘 맞는 영양제를 고르고 싶다면 담당의사와 상의한다.

금해야 하는 것

담배 | 흡연을 하면 아기에게 가야 할 산소와 혈액이 부족해진다. 출산을 할 때 저체중, 사산 등 여러 가지 문제들이 임신 중 흡연이 원인이 되어 나타난다.

술 | 음주량이 지나치면 여러 가지 선천성 질환(정신지체와 심장병 등)을 보이는 태아알코올증후군에 걸릴 위험이 커진다. 임신기간에 어느 정도의 술은 마셔도 좋다는 기준은 없다. 다만 임신 1기 이후에 가끔(1주에 한 번 정도) 와인 한 잔을 마시는 정도는 비교적 안전하다.

마약 | 임신부가 마약을 하면 태아에게 치명적인 해를 미친다. 약의 종류에 따라 아이가 저체중이나 머리가 제대로 다 자라지 못한 채 조산될 수 있고, 선천성 기형아가 되기도 한다. 출산 후에 신경 손상이나 영아 돌연사, 태아 중풍, 심지어 사산의 위험도 있다.

보충해야 하는 것과 금해야 하는 것

보충해야 하는 것
1. 엽산
2. 오메가 3 지방산
3. 임신부용 비타민

금해야 하는 것
1. 담배
2. 술
3. 마약

위험

의사의 한마디

담당의사에게 복용하고 있는 약에 대해 전부 말해야 한다. 특히 천식, 당뇨, 우울증, 고혈압 약은 반드시 알린다. 처방약이 아니라 약국에서 간단하게 구입한 약물도 빼놓으면 안 된다. 이런 약 중에도 뱃속 아기에게 안전하지 않은 약이 있을 수 있다.

아기에게 정말 위험한 것은?

임신을 하면 누구나 해로운 독소나 화학물질, 음식, 행동으로부터 아기를 지키려고 노력하기 마련이다. 하지만 과연 무엇이 위험하고 무엇이 안전할까? 술이나 담배, 마약 등은 당연히 위험하다. 그밖에 또 어떤 것이 있을까.

카페인 | 카페인 중독이라면 커피 섭취량을 줄이는 노력을 한다. 커피와 차는 물론 청량음료, 초콜릿에도 카페인이 들어 있다. 카페인 함유 음료를 하루에 한두 잔 마시는 정도는 괜찮다. 하루 섭취량을 300mg 미만으로 줄이면 아기에게 영향을 미치지 않는다. 사람들이 보통 마시는 200mL 커피 한 잔에는 카페인이 약 95mg 들어 있고, 커피전문점에서 파는 커피에는 더 많은 양이 들어 있다.

치즈 | 모든 치즈가 위험한 것은 아니고, 저온살균을 하지 않은 부드러운 치즈는 세균이 들어 있을 수 있으므로 주의한다. 카망베르, 브리, 스틸튼, 로크포르, 페타 같은 치즈가 그런 종류다.

생선 | 생태계 먹이사슬의 꼭대기에 위치하는 큰 생선의 몸속에는 메틸수은과 폴리염화비페닐이 많이 들어 있다. 때문에 임신부가 이들 생선을 많이 섭취하는 경우 태아의 신경계에 나쁜 영향을 미친다. 대서양에서 잡히는 옥돔이나 상어, 농어, 청새치, 황새치, 삼치 등은 먹지 않는다. 흔히 먹는 캔에 든 참치는 적당히 먹는 정도로는 괜찮다.

허브차 | 적게 마시면 부작용이 나타나지 않고, 어떤 허브차는 임신 중 나타나는 여러 가지 불편한 증상을 개선시키기도 한다. 예를 들어 구역질에는 레드 라즈베리와 생강, 소화불량에는 캐모마일, 불안증·불면증에는 레몬밤이 효과가 있다. 다만 허브차를 마시기 전에 담당의사와 상의하는 것이 좋다.

핫도그·스팸 | 이런 식품에는 리스테리아균이 들어 있는데 잘 조리해서 조금만 먹는 것은 괜찮다. 이런 제품보다는 신선한 고기를 구입해서 잘 익혀 먹는 것이 바람직하다. 육회처럼 생고기가 들어간 음식에도 세균이 들어 있을 가능성이 있으므로 피하는 것이 좋다.

쿠키·케이크 날반죽 | 반죽에 들어가는 날달걀에 살모넬라균이 들어 있는 경우가 있다. 쿠키와 케이크는 반드시 익힌 다음에 먹는다.

초밥 | 익히지 않은 생선과 굴에는 기생충이 들어 있을 수 있다. 임신기간에는 가능하면 이들 식품을 익혀 먹는 것이 좋다.

납 | 유해 중금속으로 꼽히는 납 성분은 엄마의 혈액을 통해 태반으로 쉽게 침

투해 들어간다. 납이 들어 있는 페인트나 건설 자재, 배수관에 노출되지 않도록 주의한다. 집을 수리할 일이 있을 때는 전문가에게 맡기는 것이 안전하다.

전기장판 · 욕조 목욕 · 사우나 | 임신 1기에는 체온을 38℃ 이하로 유지하는 것이 좋다. 이보다 높은 체온이 10분 이상 유지되면 태아 신경관에 손상이 올 수 있고 유산 가능성이 높아진다. 전기장판은 대개 문제가 없지만 걱정된다면 사용하지 않는 것이 낫다.

머리염색 · 펌 | 예전에는 미용실에서 유해물질인 포름알데히드가 들어간 제품을 사용하는 경우가 많았지만 요즘은 미용실에서 사용하는 화학물질은 대부분 안전하다. 그래도 유해성분이 걱정될 때는 염색이나 펌 등은 임신 1기가 지난 다음에 하는 것이 좋다. 헤어드라이어처럼 열을 가하는 것도 횟수를 줄인다. 그렇지만 임신했다고 머리를 엉망으로 하고 다니지는 않도록 한다.

매니큐어 · 발 마사지 | 임신을 해도 예쁘게 가꾸는 것이 기분전환에 좋기 때문에 매니큐어를 하는 것도 좋다. 다만 매니큐어에 사용하는 기구가 청결한지 확인한다. 병원에 갈 때는 매니큐어를 지워 건강상태를 확인할 수 있도록 한다. 또한 발 마사지를 하면 조산하기 쉽다는 이야기는 근거가 없다. 마사지를 받다가 기분이 나빠지면 당장 그만두고 수분을 섭취한 후 쉬도록 한다. 그래도 계속 몸이 좋아지지 않으면 바로 병원에 가본다.

제모 | 안전하므로 걱정할 필요는 없다. 임신 중에는 털이 많이 나기 때문에 신경 쓰인다면 제모를 한다.

모니터 등 영상장치 | 전자파가 유해하다는 이야기를 듣고 나면 모니터 등의 영상장치도 걱정된다. 하지만 LCD 모니터에서 나오는 광선의 전자기장은 안전한 것으로 알려져 있다.

엑스레이 | 약한 방사선에는 노출되어도 해가 없다.

전자레인지 | 요즘 나오는 제품들은 전자파를 막는 장치가 되어 있기 때문에 비교적 안전하다.

염소 | 수영장에 사용하는 화학물질은 비교적 안전하다. 안정기에 접어들고, 몸이 묵직하고 속이 더부룩할 때는 물속에 떠 있는 느낌이 무척 좋다. 특히 정맥류가 생겼다면 수영이 좋다.

공항 검색대 | 임신부에게 안전하다. 검색대를 지나치기 무서워서 어쩌면 마지막일지도 모를 낭만적인 휴가를 포기할 필요는 없다.

페인트나 청소용품의 증기 | 의학적으로는 라텍스 용제를 사용한 페인트나 유성페인트를 사용해도 별 문제가 없다. 보통 사람들이 사용하는 수준에서는 산소를 뺏거나 기형을 일으키는 정도는 아니다. 때문에 예비엄마가 태어날 아기의 방을 꾸미기 위해 페인트를 칠하는 것도 괜찮다. 다만 환기를 충분히 시켜 어지러워지거나 숨이 차지 않도록 한다. 조금이라도 어지럽다면 당장 하던 일을 멈추고 신선한 공기를 쐬는 것이 좋다. 또 페인트나 벽지 등은 친환경 제품을 이용한다.

애완동물용 변기 | 집 없이 떠도는 고양이가 톡소플라스마증을 옮기는 경우가 있다. 태아가 톡소플라스마증에 감염되는 경우 유산, 시각장애, 정신지체 등의 후유증이 걱정된다. 때문에 애완동물용 변기를 치울 때는 가능하면 남편이나 가족에게 맡기고, 불가피하게 직접 해야 할 경우라면 반드시 장갑을 끼고 치운다. 흙 속에도 톡소플라스마증을 유발하는 기생충이 살기 때문에 원예작업 후에는 반드시 손을 잘 씻는 것이 좋다.

농약·살충제 | 살충제와 농약은 임신부가 만져서는 안 되는 대표 유해물질이다. 정원에 잡초가 나고 작은 벌레가 있어도 함부로 약을 뿌리지 않는 것이 낫다.

파충류 | 거북이나 뱀, 도마뱀 같은 파충류를 기르는 경우 이들 동물의 변을 통해 살모넬라균에 감염될 수 있으므로 주의한다. 따라서 파충류와 분비물을 만지지 않도록 하고, 혹시 만졌을 때는 바로 손을 깨끗이 씻는다.

화장품 | 바르기 전에 반드시 성분표시를 꼼꼼히 확인한다. 안티에이징 제품에 많이 들어가는 비타민 A 성분은 해가 될 수 있다. 예를 들어 비타민 A가 들어 있는 어큐테인(accutane) 같은 여드름 치료제 성분은 태아에게 치명적이므로 절대로 사용하면 안 된다. 임신을 하면 사춘기 청소년처럼 피부 트러블이 늘어나지만 아무것이나 바르지 않도록 한다.

인공선탠 | 선탠 기계에서는 자외선이 나오는데, 뱃속의 아기에게는 안전한 것으로 알려져 있다. 그러나 임신부가 굳이 인공태닝을 할 필요는 없다.

문신 | 감염의 위험이 높으므로 하지 않는 것이 바람직하다. 굳이 하고 싶다면 나중으로 미룬다.

치아미백 | 레이저를 이용하는 방법이나 표백제를 이용하는 미백 모두 안전하다.

요가 | 요가를 하면 몸과 마음을 건강하게 임신기간을 보내는 데 많은 도움이 된다. 임신부를 위한 요가 프로그램을 고른다. 그러나 실내온도를 40℃ 정도로 올려놓고 하는 핫요가는 피해야 하고, 특히 임신 1기에는 하지 않는다.

스키·농구·승마 | 이런 운동은 임신한 여성이라면 피하는 것이 좋다. 그밖에도 넘어지거나 몸에 무언가 부딪힐 위험이 있는 활동은 피한다.

 의사의 한마디

자신을 소중히 보살피고 그동안 하고 싶었던 발 관리를 받는 것도 좋다. 발 마사지를 받으면 조산할지 모른다는 걱정은 버린다. 발바닥을 자극하면 자궁이 조기수축해서 조산한다는 속설이 사실이라면 두 발로 걸어다니는 인류가 지금까지 생존했을까.

쌍둥이를 임신했다면

전보다 쌍둥이를 임신한 경우가 흔해졌다. 결혼을 늦게 해 자연수정이 어려워진 여성들이 인공수정이나 시험관아기 등 현대의학의 도움을 받는 일이 많아졌기 때문이다.

한 번에 난자가 두 개 배란되어 둘 다 수정되면 이란성 쌍둥이가 되고, 접합자 하나가 포배낭 두 개로 갈라지면 일란성 쌍둥이가 된다. 일란성과 이란성 쌍둥이 형성 과정이 복합적으로 일어나, 즉 난자가 여러 개 나와 수정이 되거나 접합자가 또 여러 개로 나뉘면 세쌍둥이, 네쌍둥이, 다섯쌍둥이가 되기도 한다. 뱃속 아기가 하나인지 여럿인지 알아보는 방법은 다음과 같다.

- 8주 때 초음파를 통해 볼 수 있다. 확실하게 보이지 않을 경우 2~4주 후에 다시 확인한다.
- 임신 초기에 HCG 농도를 검사하면 매우 높다.
- 임신부의 체중 증가 속도가 비정상적으로 빠르다.
- 도플러 기계를 통해 심장박동 소리가 두 개 잡힌다. 가끔 두 아이의 심장소리가 겹쳐 분간하기 힘든 경우도 있다.

쌍둥이를 임신한 경우에도 임신 중반까지는 다른 임신부와 같은 관리를 받아도 괜찮다. 엄마가 건강하고 젊다면 너무 조심하기보다는 적당히 활동을 해도 좋다.

쌍둥이 임신에서 가장 주의해야 하는 것은 바로 조산이다. 아기가 하나일 때는 40주에 출산하지만 쌍둥이는 36~37주 사이가 만삭이다. 조산의 신호가

조기 확인

임신 8주면 초음파를 통해 쌍둥이 여부를 확인할 수 있다.

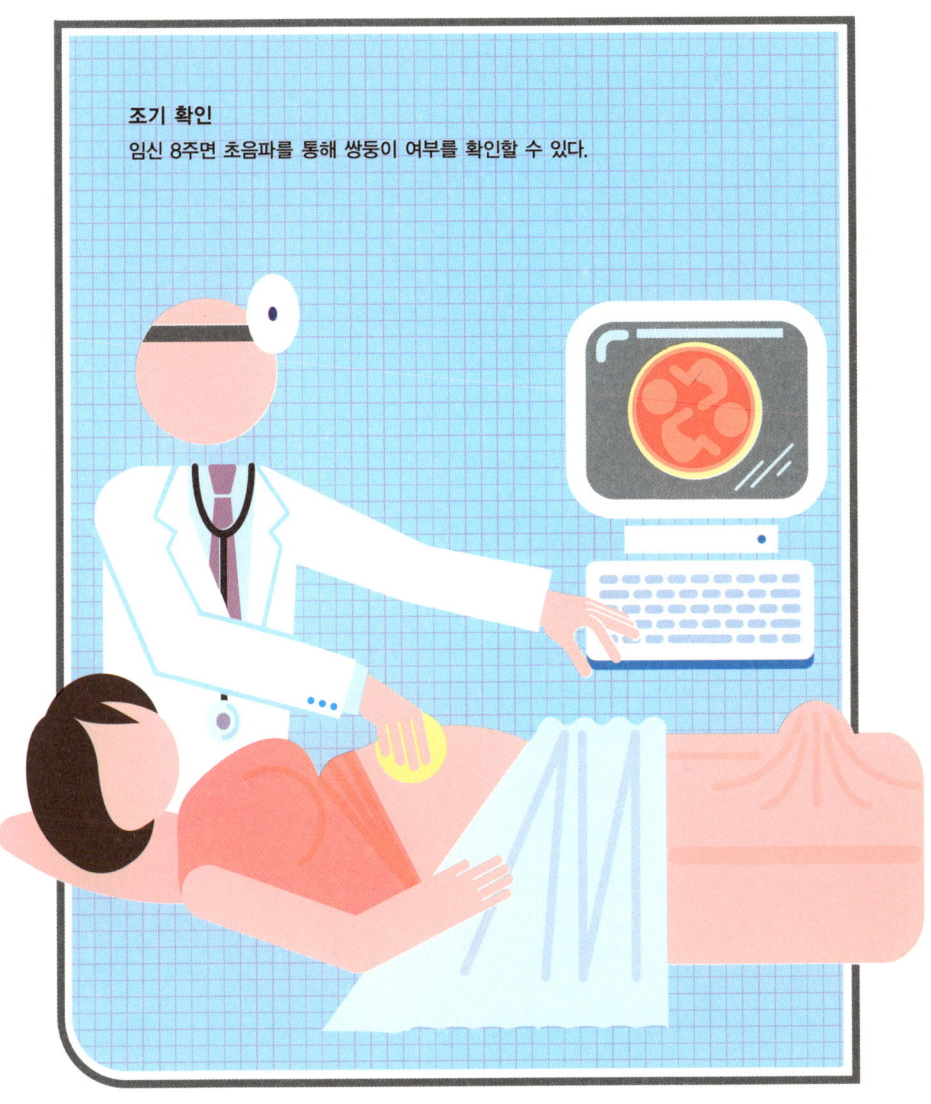

보이면 병원에 입원해서 안정을 취한다. 쌍둥이를 임신하면 임신성 당뇨와 임신중독증 위험이 높고 아이가 제 위치를 잡지 못해 제왕절개를 해야 하는 비율이 높다.

쌍둥이를 가지면 아이만 많은 것이 아니다. 다른 예비엄마들이 겪는 어려움을 다 겪으면서 다음의 변화가 더해진다.

- 호르몬이 더 많아진다.
- 불편한 곳이 많아진다(입덧, 변비, 치질, 피로, 빈뇨, 복통, 속쓰림, 부기 등).
- 체중이 더 많이 늘어난다.
- 잠을 자기가 더 힘들어진다.
- 근육이 더 쑤신다.
- 검사를 더 많이 한다(특히 초음파 검사).
- 더 자주 병원에 가야 한다.

쌍둥이를 임신한 예비엄마는 더 많이 보살핌을 받고 잘 쉬어야 한다. 자궁경부에 무게가 많이 실리기 때문에 조산의 위험이 커서, 간혹 24주경부터 침대에 누워만 있으라고 하는 경우도 있다.

하지만 임신기간의 고생을 순식간에 잊게 만드는 기쁨도 2배라는 사실! 한번 고생하고 나면 예쁜 아기가 더 많이 생긴다.

아빠만 보세요

쌍둥이 아빠가 될 예정이라면 일도 두 배로 열심히 하고 아내를 두 배 더 이해하려는 각오를 해야 한다. 출산 후 아내에게 주려고 생각한 선물이 있다면 두 배 좋은 것으로 마련한다.

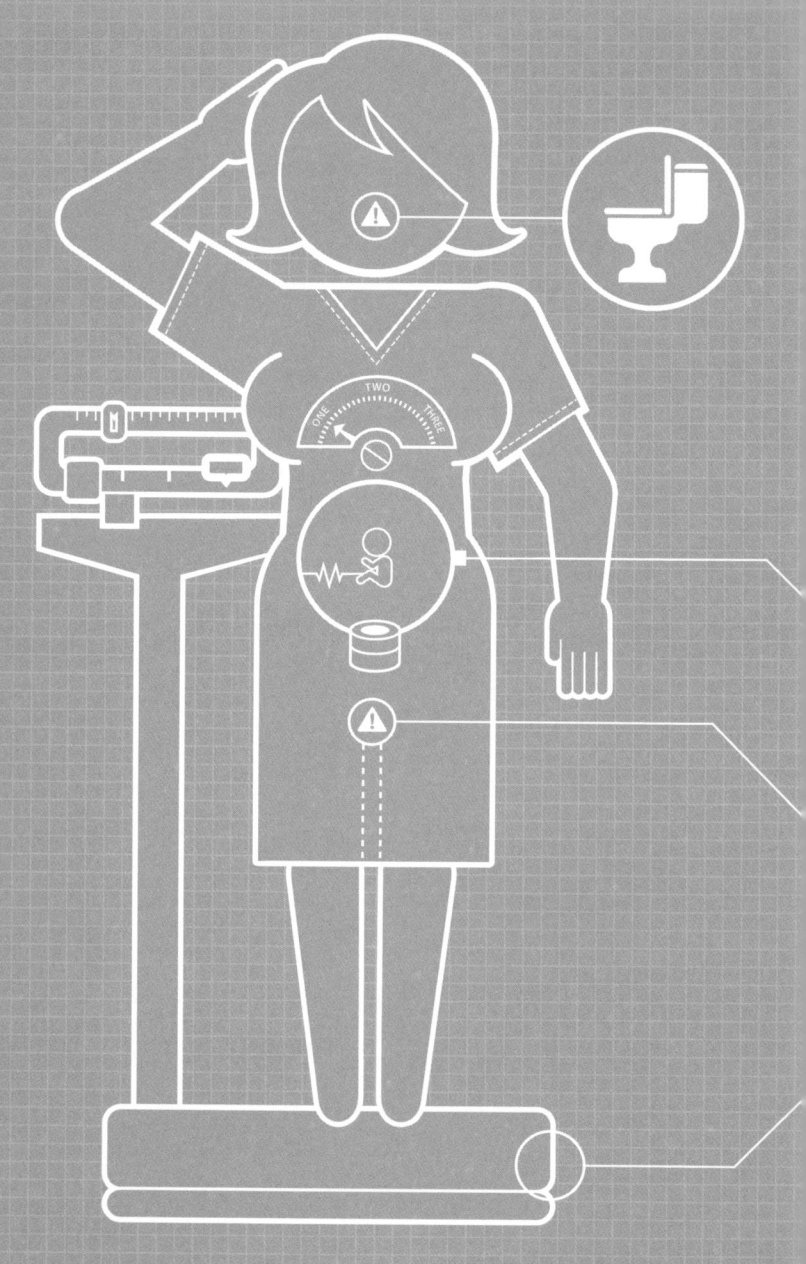

Chapter 2

임신 1기

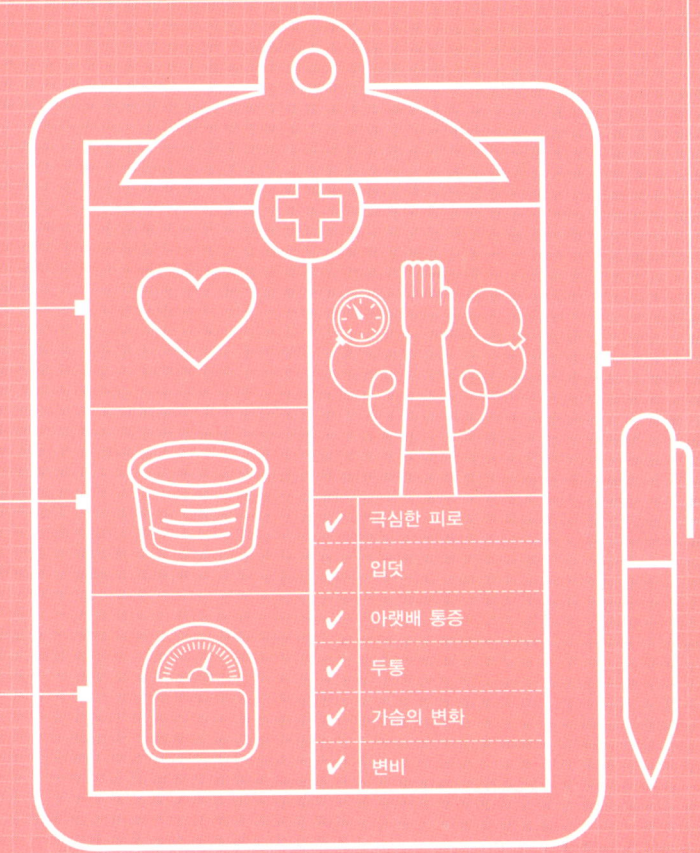

- ✔ 극심한 피로
- ✔ 입덧
- ✔ 아랫배 통증
- ✔ 두통
- ✔ 가슴의 변화
- ✔ 변비

임신 3~13주의 아기 성장

주수	단계			
3		✔ 정자가 난자를 만나 포배낭이 형성된다.	✔ 포배낭 성장이 시작된다.	✔ 태반이 형성된다.
4		✔ 양막이 만들어진다.	✔ 외배엽·중배엽·내배엽이 자라 서로 구별된다.	
5		✔ 근본 형태가 만들어진다.　■ 심장　■ 뇌　■ 골격		
6	배아기	✔ 심장박동이 시작된다.　✔ 뇌가 생긴다.	⚠ 경고 가장 민감한 시기가 시작된다.	
7		✔ 근본 형태가 만들어진다.　■ 다리　■ 팔　■ 손　■ 폐		
8		✔ 심장 구조가 복잡해진다.	✔ 팔목, 발목이 만들어진다.	✔ 얼굴 형성이 시작된다.
9		✔ 팔다리, 손가락, 발가락이 길어진다.	✔ 생식기관이 만들어진다.	✔ 움직이기 시작한다.
10		배아기 완료 : 태아가 된다.		✔ 치아 싹이 만들어진다.
11		✔ 손톱이 만들어진다.	✔ 머리카락이 자란다.	✔ 하품을 한다.

주수	주요 장기가 모두 생긴다.
12 **13**	✔ 도플러 장치로 심장 소리가 들린다(그림 1). ✔ 손발가락이 분리된다(그림 2). ✔ 외부 생식기가 만들어진다(그림 3). ✔ 웃거나 찡그릴 수 있다(그림 4). ✔ 키가 7.5cm (그림 5). ✔ 탯줄 내에서 만들어진 대장이 아기의 뱃속으로 들어간다(그림 6).

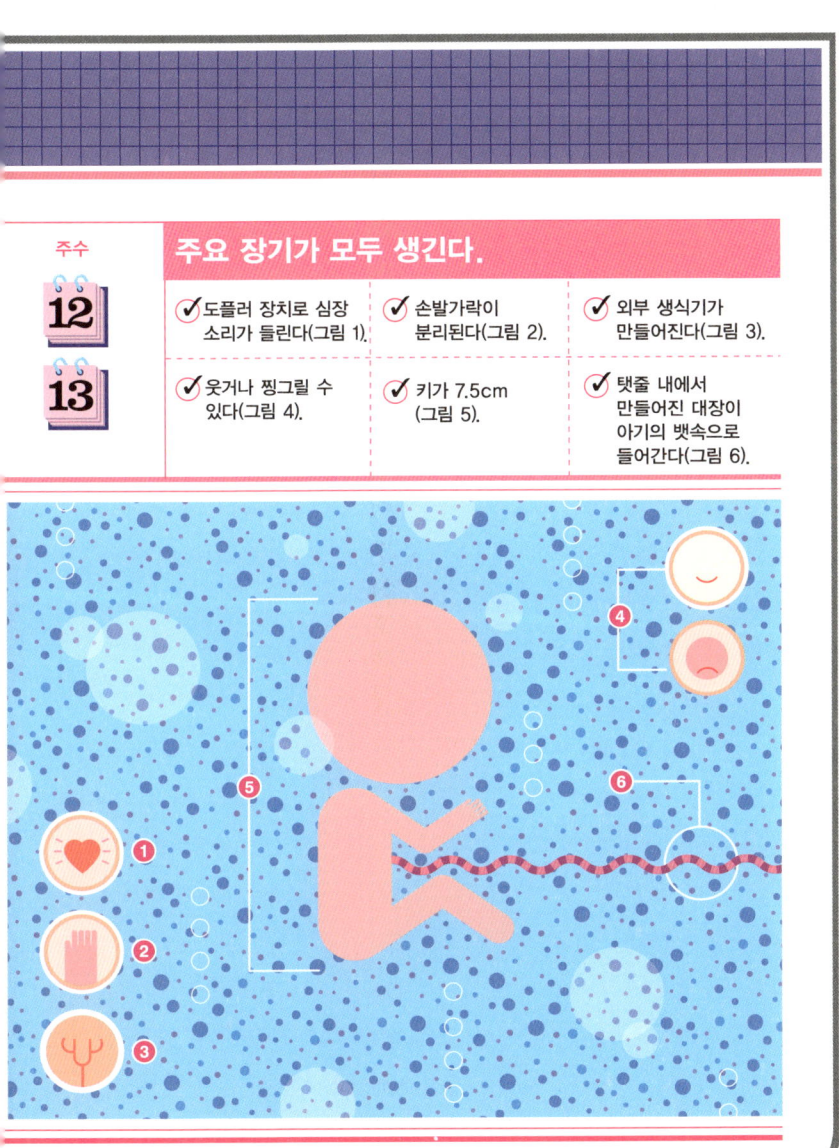

임신 1기는 경이로울 정도의 변화가 나타나는 시기이다. 난자와 정자가 13주 안에 온갖 장기를 갖춘 7.5cm의 아기로 변신한다.

임신 3~13주의 아기 성장

임신 주수별로 뱃속 아기의 변화를 자세히 살펴보자.

3주 ┃ 임신. 정자가 난자를 만나 접합자가 되고, 이것이 포배낭이 된 후 자궁에 달라붙어 자라기 시작한다. 태반도 이때 생긴다.

4주 ┃ 양막이 만들어진다. 외배엽(뇌와 신경계, 피부, 머리카락이 되는 구조물), 중배엽(골격·근육·순환계·콩팥), 내배엽(장·폐·기타 장기)이 자라 서로 구별된다.

5주 ┃ 심장과 뇌, 골격의 근간이 만들어진다.

6주 ┃ 아기가 가장 다치기 쉬운 시기이므로 몸조심을 해야 한다. 선천적인 기형이 있는 아기의 경우, 대부분 이 4주 동안 문제가 생긴 경우다. 심장이 뛰기 시작하고 뇌가 생긴다.

7주 ┃ 팔다리가 자라나고, 폐의 근본이 되는 구조물이 생겨나 자란다.

8주 ┃ 심장 구조가 더 복잡해지고, 팔목과 발목도 생긴다. 초기 형태의 눈, 코,

혀, 귀가 생겨 얼굴을 알아볼 수 있다.

9주 | 팔다리, 손가락, 발가락이 길어진다. 생식기도 생기기 시작한다. 드디어 아기가 움직인다.

10주 | 배아기가 끝나고 이제는 태아가 된다. 치아 싹 20개가 다 생긴다. 치아 싹은 치배라고 하는데, 이때 치아 싹이 만들어지지 않으면 영구치가 나오지 않는다.

11주 | 손톱이 생긴다. 아기가 하품을 할 수도 있고, 머리카락이 자라기 시작한다.

12주 | 신체 구조물이 전부 만들어지는 시기. 도플러 기계로 아이의 심장소리를 들을 수 있다. 물갈퀴처럼 붙어 있던 손발가락이 분리되고, 아기는 이제 웃거나 찡그리기도 한다. 외부생식기도 만들어진 상태다.

13주 | 탯줄 안에서 만들어진 아기의 장이 뱃속으로 들어가 자리를 잡는다. 이제 아기의 키는 7.5cm에 이른다.

 의사의 한마디

뱃속 아기의 성장이 어느 단계까지 진행되었는지 잘 모르는 경우도 있다. 임신이 정확히 언제 되었는지 모르기 때문이다. 일반적으로는 지난 생리 첫날을 시작점으로 잡는다. 이 경우 임신 주수와 태아의 주수 사이에 2주의 차이가 생긴다. 임신 38주라면 태아의 성장 주수로는 36주차가 된다. 임신기간이 40주이므로 아기 성장 주수로는 38주차가 되는 셈이다. 보통 임신 25주가 되면 아기의 생존이 가능한 시기다. 38주 이전에 태어나면 조산, 42주 이후에 태어나면 만산이다.

가끔 출산예정일을 계산할 때 왜 40주로 따지는지 물어보는 환자들이 있다. 이 숫자는 수십 년 전에 통계조사를 통해 나온 것이다. 임신 테스트기나 초음파 검사가 없던 시기에는 아는 것이라곤 마지막으로 생리한 날짜와 실제 출산일뿐이었다. 산모 수만 명의 마지막 생리일과 출산일을 연구해 임신기간이 40주 정도라는 사실을 알아낸 것이다.

임신 1기의 병원 진료

예비엄마만큼이나 아기에게 관심을 보이는 이들을 만나는 날이 산부인과 진료일이다. 임신부들은 이런저런 궁금증을 풀기 위해 이날을 기다린다. 의사선생님이 그동안 몸이 어떻게 불편했는지 하소연을 들어주고, 공감 어린 시선을 보내며 해결책도 알려주고, 아기와 엄마의 몸무게에 대해 상담해주고, 이런저런 귀찮은 질문도 받아주고, 괜찮다는 확신과 용기를 북돋워주는 시간이다.

처음 의사선생님을 만나는 날에는 더 특별한 관심을 받는다. 예비엄마의 마음을 잘 이해하고 지금까지 아픈 곳은 없었는지, 임신은 어떤 경위로 하게 되었는지 등을 살펴 앞으로의 진료에 참고한다. 이때 가능하면 남편과 같이 병원에 가는 것이 좋다. 남편이 임신 초기의 주의사항 등에 대해 잘 알고 있으면 아내가 훨씬 편하다.

병원에 처음 갔을 때 어떤 진료를 받는지 살펴보자.

전신병력 조사 | 담당의사가 지금까지 임신부의 건강 상태(나이 · 식습관 · 운동 여부 · 음주 · 흡연 · 약물복용)를 파악하기 위해 여러 가지를 묻는다. 만성 질환 여부나 예전에 큰 병을 앓거나 수술을 받았는지, 알레르기가 있거나 복용 중인 약물은 없는지 확인하고 산부인과와 관련된 질문(초산인지 아닌지와 유산 · 사산 · 자궁근종 여부, 생리주기가 일정한지)도 한다.

초음파 검사 | 처음 병원에 방문한 시기가 임신 8주 이후이면 아기의 심장박동을 모니터로 볼 수 있다. 이 시기의 아기는 땅콩과 비슷한 모양으로 보인다. 혹시 뱃속 아기가 쌍둥이라면 이때 알려준다.

신체검사 · 골반 검사(내진) | 임신부의 키와 몸무게, 혈압을 재고 내진 외에도 건강 상태를 모두 체크한다. 만약 3~6개월 전에 신체검사를 전부 했다면 임신 후 첫 진료에서는 이 과정을 생략해도 좋다. 아이의 신체 구조물이 모두 만들어지는 임신 초 몇 주 동안 영향을 주는 건강 문제나 약물, 습관 등이 있다면 미리 상의해야 한다. 내진만으로도 임신부의 건강을 정확하게 파악하기 힘들기 때문에 미리 할 수 있는 검사는 미리 해두는 것이 좋다.

자궁경부암 검사 | 자궁경부암 여부를 검사한다.

혈액 검사 | Rh 인자, 풍진 항체, 혈액형을 확인하고 빈혈, 간염, 에이즈를 일으키는 HIV 바이러스나 매독 · 임질 같은 성병 여부를 검사한다.

소변 검사 | 컵에 소변을 받아서 화학물질 처리를 한 종이 막대를 적셔 검사한

다. 소변 속에 단백질과 글루코오스가 없는지 확인하는데, 만약 들어 있다면 임신중독증, 신장질환, 당뇨병 등이 의심된다. 의사의 판단에 따라 다른 검사를 추가로 받을 수도 있다.

출산예정일 확인 | 담당의사가 출산예정일을 계산해서 알려준다. 꼭 이 날짜에 정확하게 아기가 나오는 것은 아니지만 대부분 출산예정일을 전후로 아기

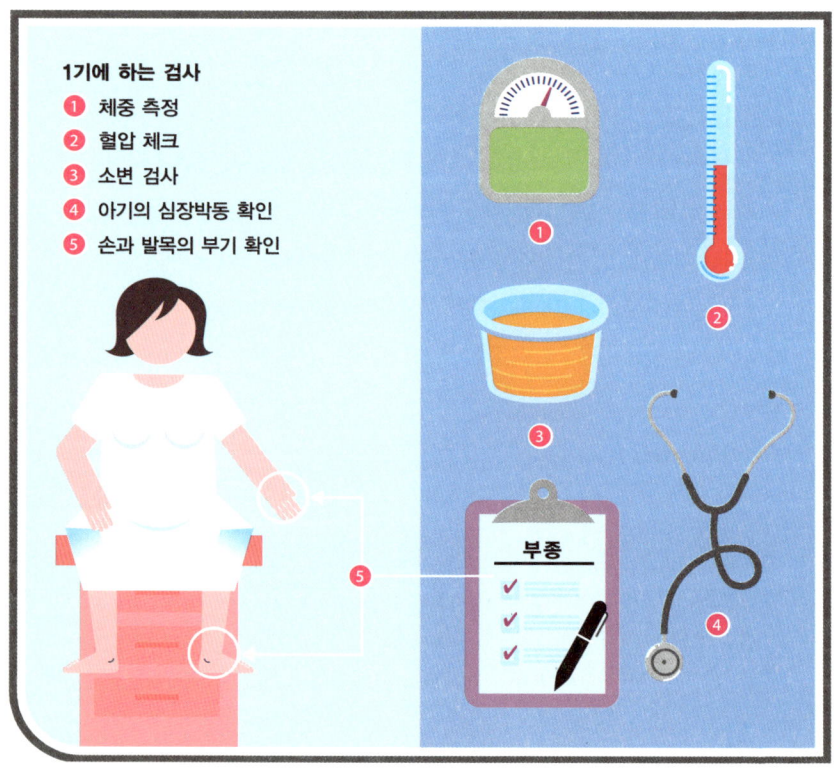

가 나온다.

담당의사는 예비엄마와 예비아빠가 하는 사소한 질문에도 자세히 답변을 해준다. 큰아이의 학교에서 전염병이 퍼지면 뱃속 아기에게 해롭지는 않은지, 요가교실에서 물구나무를 서면 태반에 무리가 되는지, 임신부가 알레르기 유발 식품을 많이 먹으면 아기에게 알레르기가 잘 생기는지 등 궁금한 것을 수첩에 적어 놓았다가 병원에 가면 잊지 않고 물어보는 게 좋다.

고위험 산모가 아니라면, 임신 1기에는 한 달에 한 번씩 병원에 간다. 그때마다 다음과 같은 간단한 검사를 받는다.

- 체중 측정
- 혈압 체크
- 소변 검사
- 손과 발목의 부기 확인
- 심장박동 체크 : 임신 12주 이후, 보통 두 번째 산부인과 방문 이후에는 도플러 장치로 태아의 심장박동을 체크한다. 이때 심박수는 분당 120~160회 사이로 나타난다.
- 상담

 의사의 한마디

임신부들 중에는 아기가 중요 장기를 만드는 과정을 방해할까봐, 혹은 태반이 느슨해질까봐 임신기간 동안 가만히 방에만 틀어박혀 있어야겠다고 하는 사람들이 많다. 또 너무 활발하게 돌아다니면 아기가 탯줄에 몸이 감기는 건 아닐까 걱정도 한다. 아기는 이 시기에 땅콩만 한 크기인데 물로 찬 공간에서 둥둥 떠다닌다. 콩이나 포도 한 알을 따서 물로 가득 채운 봉지 속에 넣어보자. 봉지를 손에 쥐고 흔들어보면 엄마의 움직임이 별로 아기에게 영향을 주지 않는다는 것을 알 수 있다. 임신은 질병이 아니다. 무리한 일만 아니라면 임신 전과 마찬가지로 편안하게 하던 일을 하면서 즐거운 마음으로 활동하는 것이 좋다.

이 시기에 이루어지는 부가 검사

임신부에게 만성질환이 있는지 알기 위해 몇 가지 부가 검사를 한다. 그중에는 아프거나 융모막 검사처럼 조심스러운 검사도 있다. 주로 35세 이상의 산모나 만성질환 가족력이 있는 사람들이 검사 대상이다.

융모막 검사(임신 9~11주) | 융모막 검사는 주로 임신 16~18주에 하는 양수 검사보다 결과를 훨씬 조기에 알려준다. 자궁경부나 복부를 통해 태반에 있는 태아의 조직을 뽑아내 유전자에 이상이 있는지 검사한다. 검사 결과는 7~10일 후에 나온다.

하지만 유산의 위험이 있으므로 신중하게 결정한다. 융모막 검사로 인해 유산이 되는 확률은 150~200분의 1, 혹은 1% 미만으로 알려져 있다. 유산 위험은 의사의 숙련도에 크게 좌우되므로 경험이 많은 의사에게 검사를 받는 것이 바람직하다. 이에 비해 양수 검사로 인해 유산되는 확률은 보통 300분의 1로 알려져 있지만, 최근 연구에 따르면 그 이하라고 한다. 양수 검사의 위험도는 의사의 숙련도에 크게 좌우되지 않는 편이다.

태아 목덜미 투명대 검사(임신 11~13주) | 태아 목 뒤의 특정 부분을 확인하는 초음파 검사. 목 뒤의 공간이 두터워지는 현상은 다운증후군 등 유전질환과 관련이 있다. 이 검사는 임신 2기까지 기다렸다가 태아에게 질환이 없는지를 보는 양수 검사보다 빨리 결과를 알고 싶어 하는 예비엄마들과 유산 위험이 따르는 융모막 검사를 받지 않으려는 엄마들이 많이 받는다.

임신 1기 혈액 검사와 태아 목덜미 투명대 검사를 포함한 선별 검사(임신 11~13주) | 혈액 검사를 통해 태반호르몬인 PAPP-A와 HCG 농도를 확인한다. 여기서 결과가 정상으로 나오면 임신 16주에 쿼드 선별 검사(혈액 검사)를 받는다 (p.91 참고). 이 두 검사의 수치를 비교하고 이미 나와 있는 정보를 분석해 유전성 질환의 가능성을 평가한다. 첫 검사 결과가 정상 범주에서 벗어나 고위험군으로 분류되는 경우, 융모막 검사를 시행한다.

아기 몸을 만드느라 엄마는 힘들어요

임신 1기 막바지가 되면 임신을 처음 알게 된 순간부터 시작된 증상들 외에 여러 증상들이 나타난다. 엄마의 몸이 아기를 키우느라 힘들다는 신호다. 엄마의 몸은 아기의 중요 기관들을 만드는 데 많은 에너지를 소모하기 때문에 여러 가지 이상신호가 나타나는 것이다.

극심한 피로 | 임신 1기에 느끼는 피로감은 보통 피곤하다는 말로는 부족하다. 거의 기진맥진 수준이다. 일단 피로해지면 간단한 일도 하기 힘들다. 이 시기의 피로감은 임신 3기에 느끼는, 몸이 귀찮아지는 피로감과는 수준이 다르다.

때문에 가능하면 낮잠을 충분히 자는 것이 좋고 밤에도 일찍 잠자리에 들어야한다. 빈혈이 생기면 피로감이 더 심해지므로 임신부용 비타민을 꼭 챙겨 먹어 철분이 부족하지 않도록 한다. 몸에서 만들어내는 혈액의 양이 늘어나므로 철분이 부족하기 쉬운 시기다. 특히 입덧 때문에 토하게 경우에는 철분 보충이 반드시 필요하다.

입덧 | 입덧은 호르몬과 스트레스, 예민해진 후각, 장운동 부진 등으로 인해 나타난다. 대개 임신 1기가 끝날 무렵이면 입덧이 사라진다(p.69 참고).

아랫배 통증 | 자궁이 커지면 이를 받치는 인대가 늘어나기 때문에 가끔 아랫배가 불편한 느낌이 있다.

두통 | 호르몬 때문에 머리가 아플 수도 있다. 두통은 임신 1기에 가장 심한 편인데, 참기 힘들 때는 타이레놀이나 이부프로펜이 도움이 된다. 수분이 부족하면 머리가 더 아프기 때문에 물도 충분히 마시는 것이 좋다. 두통을 비롯해임신 초기 12주까지 겪는 증상 중에는 숙취와 비슷한 것이 많다.

빈뇨 | 호르몬 때문에 방광의 움직임이 활발해진다. 동시에 방광 위쪽에 있는태아가 자꾸 누르기 때문에 소변이 충분히 차지 않아도 소변이 마려운 것으로착각한다. 몸에서 혈액을 많이 만들어내기 때문에 신장에서 걸러내야 하는 소변의 양도 많아진다.
　그밖에 임신으로 생긴 두통과 변비, 또는 수분 부족으로 입덧이 심해지는것을 막기 위해서 물을 더 마시는 것도 한 원인이다.

가슴의 변화 | 가슴이 아프고 유륜이 검어질 뿐만 아니라 가슴으로 흐르는 혈액의 양이 많아지면서 푸른빛을 띠는 정맥이 두드러져서 가슴 위에 얼기설기 드러나 보인다. 아기에게 모유를 줄 준비를 하는 것이다.

가슴은 임신 1기 동안 조금씩 계속 커진다. 원래 가슴이 컸던 사람이라면 임신 후 가슴이 더욱 커져서 불편할 수 있으므로 임신부용 브래지어를 착용하도록 한다. 이렇게 가슴이 아프고 커지는 것은 지극히 정상적인 과정이다. 임신 10~12주 정도가 되면 호르몬이 안정되면서 통증이 대부분 사라진다. 또는 더 불편한 다른 증상에 시달리느라 잊어버리기도 한다.

변비 | 임신부의 몸에서 분비되는 호르몬은 엄마가 섭취한 음식에서 최대한 영양소를 짜내기 위해서 장 움직임을 느리게 만든다. 이와 동시에 자궁이 자라면서 대장과 직장을 압박하기 때문에 더부룩함, 변비, 복부팽만, 속쓰림 등의 증상이 나타난다.

이럴 때는 물을 많이 마시고 섬유소가 풍부하게 들어 있는 음식을 먹는다. 말린 과일이나 키위주스처럼 변비 개선 효과가 뛰어난 식품도 좋다.

그래도 변비가 심하다면 담당의사와 상의해 변을 무르게 하는 약이나 장운동을 개선하는 약을 처방받아 복용해도 좋다. 두 가지 약 모두 임신부에게 안전하다.

정맥류·치질 | 몇 주에서 몇 개월까지 치질이 나타날 수 있다. 정맥의 피가 효율적으로 심장으로 돌아가지 못하면 우리 몸의 특정 부위에 고이는데, 이 경우 정맥류나 치질이 된다. 임신을 하면 체중이 늘고 자궁에서 나오는 피의 압력이 증가하면서 증상이 더 악화된다. 이런 증상을 완화시키는 데 도움이

되는 방법들이다.

- 시간이 날 때마다 다리를 높게 해서 자궁과 골반에 가해지는 압력을 줄이고 혈액순환을 돕는다.
- 혈액순환을 돕기 위해 적당한 운동을 한다. 권할 만한 운동은 수영이다.
- 치질 완화를 위해 매일 20분씩 좌욕을 한다. 출산 시에 회음부를 절개하는 경우에도 좌욕을 하면 회복이 빠르다.
- 치질이 심할 때는 담당의사와 상의해 증상을 개선시키는 약한 스테로이드 제제를 처방받는다.
- 위치하젤 패드 같은 제품을 사용하면 치질 때문에 오는 통증이 줄어든다. 위치하젤 패드는 '위치하젤'이라는 식물의 성분을 이용한 기능성 패드다.
- 대변을 볼 때 배에 힘이 덜 들어가도록 섬유소가 풍부한 음식을 먹고 물을 많이 마신다. 자꾸 배에 힘을 주면 더 악화된다.

어지럼증 · 빈맥 | 임신을 하면 순환계에 많은 변화가 온다. 원래 혈액보다 절반이 더 많아지므로 심장에 무리가 되기 때문이다. 많은 혈액이 자궁으로 몰리기 때문에 어지럽거나 아기가 정맥을 압박해서 혈압이 떨어지기도 한다. 혈당과 수분 섭취량을 일정하게 유지하는 것이 바람직하다.

더운 날씨에는 심장이 빨리 뛰는 빈맥이 더 자주, 심하게 나타난다. 임신기간의 정상 심장박동수는 평상시보다 분당 20번 정도가 많다. 예를 들어 임신 전의 심장박동수가 80이었다면 임신 후에는 90~100으로 높아진다. 또 조금만 힘을 써도 그 수치가 110~120까지 금방 올라간다. 이 정도 수치로 높아지면 불편해진다.

- 기절할 것 같은 기분이 들면 자세를 바꾸거나 얼른 자리에 앉는다.
- 가슴이 빠르게 쿵쾅거리거나 호흡이 가빠지면 왼쪽으로 눕는다. 금방 괜찮아진다.
- 눈앞에 별이 보이지 않도록 천천히 일어난다.

침 과다 분비 | 입덧을 하는 임신부들은 침도 많이 흘린다. 신 음식을 자주 먹어서 침을 삼키면 이 같은 증상을 완화하는 데 도움이 된다.

감정의 기복 | 임신 증상은 여러 면에서 생리전 증후군과 비슷하다. 임신, 출산 등이 가져올 변화 때문에 스트레스를 받게 되는데, 이 스트레스와 호르몬이 복합 작용을 일으켜 심하게 짜증이 나고 우울해진다. 임신 전이라면 무덤덤하게 봐 넘겼을 영화나 드라마를 보고 눈물을 줄줄 흘리기도 한다. 하지만 이런 우울한 기분이 임신부들이 흔히 겪는 감정이라는 것을 알고 나면 마음이 한결 놓인다.

임신 1기 말이 되면 이런 감정의 기복이 사라졌다가 출산이 임박해질 무렵 다시 한 번 나타난다. 그렇지만 이런 증상이 감당하기 힘들 정도로 심하거나 우울증의 기미가 보이면 담당의사와 상의한다.

피부의 변화 | 임신 호르몬의 변화 때문에 피부는 사춘기 시절처럼 얼굴과 몸에 여드름이 많아진다. 순한 비누로 세안하고 잘 헹구는 것이 좋다. 여드름약이나 주름을 방지하는 기능성 크림에는 태아 기형을 유발하는 성분이 들어 있으므로 사용하면 안 된다.

의사의 한마디

임신 중에는 신경이 무척 예민해진다. 이럴 때는 심호흡을 하고 마음을 안정시킨다. '왜 그럴까?' 고민하지 말고 있는 그대로 받아들인다. 피곤하고 몸이 불편하고 어쩌면 마음까지 불안해진다. 신경질이 많아지는 것도 모두 임신에 따르는 정상적인 변화다. 다만 그로 인해 주변사람들에게 주는 피해를 최소한으로 줄인다.

가능하면 카페인이나 소금·설탕 섭취량을 줄이고, 낮잠을 자고, 좋아하는 운동을 하고, 책이나 영화를 보는 등 좋아하는 취미에 집중한다. 마음이 편해질 때까지 혼자 있는 것이 좋은 사람도 있고, 자신을 웃게 만들어줄 친구나 가족과 함께 시간을 보내는 것이 좋은 사람도 있다.

건강에 좋은 습관

아기를 가지면 두 배로 먹어야 한다는 것은 잘못된 생각이다. 뱃속의 태아가 건강하게 잘 자라는 데는 평소보다 하루에 약 300kcal 정도만 더 먹으면 된다. 물론 쌍둥이라면 조금 더 먹어야 한다. 임신 주수가 늘어나면서 신체 활동이 줄어들면 예전보다 에너지 소모가 적어지므로 임신 전만큼만 먹어도 충분하다.

그러나 임신부의 체중이 순조롭게 늘어나는 것은 아기가 건강하게 잘 자라고 있다는 증거가 되고, 식사량을 줄이면 아기가 저체중아가 되거나 심하면 조산이 될 수 있다. 임신 중에 다이어트를 하면 아기에게 꼭 필요한 비타민과 미네랄을 충분히 공급할 수 없고, 자칫 태아에게 위험하다.

옛말에 '아홉 달 동안 찐 살, 아홉 달 동안 빠진다'는 말이 있는데, 건강하게 아이를 낳은 후에 서서히 빼면 되니 늘어나는 체중에 대해 걱정할 필요 없다.

체중에 대한 걱정보다는 매끼 균형 잡힌 식사를 하는 데 신경 쓴다. 과일과 채소를 많이 먹고 단백질도 충분히, 탄수화물은 적당히 먹는 것이 좋다.

임신 후의 체중 증가량

- 임신 전에 체중이 적게 나간 경우 : 임신기간 동안 13~18kg 증가
- 임신 전에 정상체중인 경우 : 임신기간 동안 11~16kg 증가
- 임신 전에 과체중인 경우 : 임신기간 동안 7~11kg 증가
- 쌍둥이를 임신한 경우 : 임신기간 동안 16~20kg 증가

물론 임신부에 따라 체중 증가량이 다르다. 보통 임신 전반기 동안 2~7kg 정도 체중이 늘고, 20주에서 만삭이 될 때까지 일주일에 0.5kg씩 늘어난다.

① 임신 전에 체중이 적게 나간 여성은 13~18kg 증가

② 임신 전에 정상체중이었던 여성은 11~16kg 증가

③ 임신 전에 체중이 많이 나간 여성은 7~11kg 증가

쌍둥이를 임신한 경우에는 체중이 16~20kg 증가한다.

임신 1기에는 개인차가 더 크게 나타나는데, 이는 호르몬과 식욕의 비중이 큰 시기이기 때문이다. 이때는 체중이 전혀 늘지 않는 경우도 있고 구역질이나 구토, 식욕 감퇴 때문에 체중이 오히려 줄어들기도 한다. 엄마가 수분을 충분히 섭취하고 아기가 잘 자라고 있다면 아기는 단계에 맞춰 잘 성장하고 있는 것이므로 걱정할 필요는 없다. 엄마의 체중도 곧 늘어난다고 믿어도 좋다.

만약 체중이 평균 이상으로 많이 늘어나면 담당의사가 호르몬 이상이나 당뇨병, 갑상선 질환 등이 있는지 검사한다.

 의사의 한마디

예비엄마들 중에는 예전과 비슷하게 먹고 운동을 꾸준히 하는데도 체중이 는다고 걱정하는 사람들이 많다. 이때 늘어나는 체중은 물이 대부분을 차지한다. 임신을 하면 몸이 스펀지처럼 수분을 잘 흡수하기 때문에 짠 음식에 매우 민감한 반응을 보인다. 임신 말기에 중국요리나 피자 같은 음식을 먹으면 몸무게가 갑자기 확 늘어난다. 우리 몸은 자극적인 음식이 들어오면 평형상태를 유지하기 위해 수분을 더 흡수하려 든다.

채식 위주의 식사를 하는 임신부의 영양 섭취

채식 위주의 식사를 하는 임신부에게 생길 수 있는 가장 큰 문제는 단백질 부족이다. 대부분의 채식주의자들은 이미 자신의 식습관에 적응돼 있기 때문에 심각한 영양 부족이나 영양 불균형은 문제가 되지 않는다.

비타민과 미네랄은 신선한 채소나 과일, 영양보충식, 임신부용 비타민으로 충분히 섭취할 수 있다. 특히 비타민 B₁₂, 아연, 철분 같은 영양소 섭취에 신경을 쓰면서 균형 잡힌 식사를 하는 것이 최선이다.

병원에서도 임신부가 채식을 하는 경우에는 전해질 불균형이 생기지 않는지, 아기가 제대로 자라고 있는지 다른 임신부에 비해 더 자주 검사해야 한다.

채식주의자 임신부가 동물성 식품 외에 단백질을 섭취할 수 있는 식품들은 다음과 같다.

- 콩류와 두유 · 두부 등의 콩제품
- 견과류, 씨앗류
- 통밀로 만든 빵이나 밀 배아. 밀 배아는 빵, 샐러드에 뿌리거나 요구르트 등에 넣어 마신다.

입맛 당기는 음식

가끔 뱃속 아기가 말도 안 되는 음식을 만들어달라고 끊임없이 요구하는 까다로운 손님처럼 느껴질 수도 있다. 임신하면 먹고 싶어지는 대표적인 음식은 신음식과 아이스크림이다. 초콜릿이나 매운 음식, 신 과일이 생각난다는 예비엄마들도 있다.

아기와 예비엄마의 몸이 어떤 음식을 원하는지 잘 살핀다. 신 과일이 먹고 싶다면 비타민 C가 더 필요하다는 뜻이고, 짠 음식이 당긴다는 것은 몸속 물의 양을 늘리기 위해 소금 섭취가 필요하다는 신호다. 이렇게 특정 음식이 당기는 현상에는 호르몬도 관계가 있다. 때문에 호르몬 변화가 큰 임신 1기에는 더 여러 가지 음식이 생각난다.

다음은 임신 이후 먹고 싶어지는 음식들이다. 주로 어떤 것이 입맛 당기는지 체크해보자.

- 초콜릿 쿠키
- 오징어
- 탄산음료
- 비빔냉면
- 신 김치
- 아몬드
- 자두 · 오렌지
- 밀크셰이크
- 체리 · 딸기
- 도넛
- 땅콩버터
- 감자튀김
- 샐러드

임신하면 먹고 싶어지는 음식 : 우리 몸과 아기가 달라는 음식이 무엇인지 체크해보세요.

입맛 당기는 음식

① 레몬·오렌지·자두
② 딸기·체리
③ 아몬드
④ 초콜릿
⑤ 핫소스를 얹은 파스타
⑥ 감자튀김
⑦ 초콜릿칩 쿠키
⑧ 밀크셰이크

잘 어울리지 않지만 먹고 싶어지는 음식

신 김치와 아이스크림

땅콩버터와 오징어

토마토케첩과 도넛

⚠ **주의사항 :** 드물게는 아기에게 해로운 흙이나 분필, 세제 같은 것이 먹고 싶은 경우도 있다. 이런 증상은 철분 결핍과 관련돼 나타나므로 바로 의사와 상의하는 것이 좋다.

입덧을 가라앉히려면

입덧을 영어로 '아침 고통(morning sickness)'이라고 한다. 말 그대로 뱃속이 비는 아침에 구역질과 구토를 동반하는 입덧이 더 심한 경우가 많다.

입덧은 하루 중 어느 때라도 나타날 수 있다. 입덧 자체는 기분 좋지 않지만, 입덧을 한다는 것은 태반이 잘 자라 제대로 기능하고 있다는 반가운 신호다.

입덧은 임신 1기에 가장 심하고 어떤 경우는 2기까지 입덧이 지속된다. 드물게는 아기를 낳을 때까지 입덧 때문에 괴로운 경우도 있다. 입덧이 너무 심한 '임신오조증'이 되면 전해질 대사, 영양불균형으로 인해 병원에 입원해 영양을 공급하는 것이 좋다.

각종 호르몬(프로게스테론, HCG) 변화가 입덧을 일으키는 주범이다. 예를 들어 프로게스테론은 위장이 비워지는 속도를 늦춰 속을 메스껍게 만든다. 그밖에도 스트레스, 피로, 예민해지는 후각, 혈당 변화, 공복 상태에서의 갑작스런 움직임 등도 영향을 미친다.

엄마가 입덧 때문에 아무리 못 먹어도 뱃속 아기는 자기에게 필요한 영양분은 모두 가져간다. 따라서 입덧을 할 때 가장 걱정되는 것은 탈수 증상이다. 24시간 동안 소변을 보지 못했거나 계속해서 어지럽고 눈앞에 별이 보인다면 병원에 가봐야 한다. 모두 탈수로 인한 증상들이다.

입덧이 극도로 심한 엄마에게 처방하는 약이 있기는 하지만 웬만한 경우에는 다음의 방법을 사용하는 편이 좋다.

생강 | 생강차나 생강으로 만든 쿠키, 사탕 등 다 효과가 좋다.

크래커·토스트 | 입덧은 공복에 더 심해지는 특징이 있다. 잠잘 때 머리맡에 크래커나 토스트처럼 담백한 탄수화물 식품을 챙겨두었다가 아침에 일어나자마자 몇 개 먹으면 입덧이 덜하다.

비타민 B₆ | 하루 세 번 비타민 B_6를 25mg씩 복용한다. 메스꺼움을 가라앉히는 데 효과적이다.

콜라 | 구역질이 날 때 마시면 도움이 된다.

레몬 | 시큼한 맛과 향이 구역질을 줄여준다.

허브차 | 페퍼민트나 캐모마일, 라즈베리 등의 허브차를 마시면 소화가 잘되고 구역질이 덜하다.

손목용 지압 밴드 | 배 멀미 예방용으로도 쓰이는 손목용 지압 밴드는 임신부에게도 효과적이다.

 의사의 한마디

입덧은 건강한 사람도 할 수 있고, 위험으로부터 엄마와 아기를 지켜주는 역할을 하기도 한다. 임신 1기 동안 입덧을 유발하는 식품은 주로 고기나 생선, 해산물, 유제품 등이다. 이들 식품은 쉽게 상하거나 조리를 제대로 하지 않으면 식중독을 일으키기도 하고, 태아에게 해로운 세균이 들어 있는 경우가 있으므로 주의한다. 입덧을 하더라도 다 좋은 일이라고 생각하고 잘 견디도록 하자.

임신 1기의 운동 요령

임신했다고 너무 게을러지면 안 된다. 피곤하기도 하고 볼록한 배에 신경 쓰며 운동을 하는 것이 쑥스럽기도 하겠지만 운동은 여러 모로 도움이 된다. 다만 의사에게 운동을 해도 좋은 상태인지 반드시 확인하는 것이 좋다. 다음은 운동을 할 때 얻을 수 있는 이점들이다.

- 운동을 하면서 상쾌한 공기를 마시면 자연스럽게 입덧이 가라앉는다.
- 자신의 몸에만 신경 쓰지 않고 더 큰 바깥 세상에 관심을 돌리게 되니 우울한 감정이 줄어든다.
- 혈액순환이 활발해져 정맥류, 치질이 완화된다.
- 장운동이 활발해져 변비, 복부팽만감이 개선된다.
- 다리를 자주 스트레칭하고 움직여주면 쥐가 덜 난다.
- 운동을 하면 엔도르핀이 분비돼 두통이 사라지고 피로감도 줄어든다.
- 근육이 강해지고 스태미나가 좋아지면 출산할 때 아기가 더 빨리 나온다.

임신 중에 조깅을 하거나 자전거를 타는 경우에는 다음의 주의사항을 꼭 기억하자.

1 가슴이 아프고 커지기 때문에 잘 맞는 스포츠용 브래지어를 착용한다.

2 수분을 충분히 섭취한다.

3 기운이 없거나 어지러울 때, 쓰러질 것 같은 느낌이 들 때는 당장 운동을 중단하고 괜찮아질 때까지 편한 자세로 앉아서 쉰다.

4 항상 뱃속에 아기가 있다는 사실을 염두에 두고 몸의 신호에 신경 쓴다. 임신 전에는 하루 10km를 달리는 것도 문제없었더라도 임신 시기에 따라 무리가 없는 운동량이 어느 정도인지 잘 살핀다.

5 몸의 인대가 이완되고 체중이 늘어나면 몸의 균형을 잡기가 힘들어진다. 운동을 할 때는 이 사실을 명심한다.

적당한 운동량이 궁금해요

운동을 하려는 예비엄마들의 고민은 운동을 하면서 심장박동수가 증가하고 체온이 올라가면 아기가 위험해지지는 않을까? 하는 부분이다. 이런 상황을 막으려면 운동을 하면서도 계속 몸의 변화에 신경을 써야 한다. 호흡이 가빠지고 헐떡이기 시작하면 그때는 이미 너무 무리한 운동을 했다는 신호다. 보통 심장박동수를 1분당 130~140회 정도로 유지해야 한다.

임신 전에 하던 운동이 있다면 계속 해도 좋다. 다만 임신 주수가 늘어날수록 운동 강도를 점점 줄여야 한다.

임신부에게 좋은 운동으로는 걷기와 수영이 대표적이다. 걷기와 수영 모두 균형을 잃고 넘어질 일이 적고, 배에 충격을 받을 일도 없으며, 스스로 속도와 강도를 조절할 수 있는 운동이다. 물속에서는 골반과 허리에 가해지는 압력이 줄어들고 등 쪽의 근육 긴장이 풀린다. 동시에 다리의 혈액순환도 좋아진다.

요가도 임신부들에게 좋은 운동이다. 다만 자궁이 일정 크기 이상으로 커지

운동 요령

1. 좀 더 편안한 스포츠용 브래지어를 입는다.

2. 수분을 충분히 보충한다.

3. 심하게 피로해지면 운동을 즉시 중단한다.

4. 항상 몸 상태에 맞춰 진행한다.

5. 인대가 헐거워지면서 몸의 균형을 잡기가 힘들어진다는 사실을 기억한다.

면 해서는 안 되는 동작들이 있으므로 주의한다. 임신 시기별로 적합한 기초 자세를 익히려면 임신부 요가교실에 등록한다.

자전거를 타는 것도 괜찮다. 그러나 배가 많이 나오면 넘어질 위험이 있기 때문에 실내에서 고정식 자전거로 운동하는 것이 안전하다.

평소에 운동을 많이 하던 사람이든 아니든 여성이라면 누구나 케겔운동을 해야 한다. 케겔운동은 자궁 바닥의 근육을 강화시키는 운동으로, 이 운동을 개발한 산부인과 의사 아놀드 케겔(Arnold Kegel) 박사의 이름을 붙였다. 이 운동을 하면 질 근육이 발달해 아기를 순조롭게 분만할 수 있고, 출산 후 요실금을 예방하는 데도 좋다. 또한 케겔운동을 꾸준히 하면 성관계 중 남녀 모두의 쾌감을 높일 수 있다.

1 소변을 다 보기 전에 멈춰 그때 사용되는 근육을 알아본다. 소변이 멈췄다면 제대로 근육을 찾은 것이다.

2 그 근육에 힘을 주어 오므린다.

3 15초간 그대로 유지한다.

4 힘을 뺀다.

5 2~4까지 세 번 반복하는 것을 한 세트로 한다.

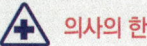

의사의 한마디

매끼 식사 후에 한 세트씩 시행하면 이 부위의 근육 운동을 꾸준히 할 수 있다.

임신 중의 성생활

임신 중 성욕은 사람마다 매우 다르다. 자신이 뚱뚱해지고 매력이 줄었다고 생각해서 성욕이 저하되는 여성이 있는가 하면, 임신 전보다 훨씬 더 욕구가 강해지는 사람, 그 정도가 오르락내리락 하는 사람도 있다. 남편들도 아기가 있다는 생각에 성관계를 꺼리거나 삽입하면 아기나 엄마가 아플까봐 걱정하는 경우가 있다.

하지만 고위험 산모만 아니라면 성관계가 아기에게 위험한 영향을 미치지는 않는다. 예비엄마와 아빠가 성관계를 즐겁고 행복한 감정으로 받아들이면 아기에게도 그 감정이 직간접적으로 전달된다. 임신 중의 성관계에 대해 궁금한 부분이 생기면 담당의사와 상의한다.

물론 임신 주수에 따라 몸 상태가 변하기 때문에 이에 따른 어려움이 따른다. 예를 들어 임신 1기가 지나면 똑바로 누운 자세에서는 정맥이 눌려 불편하다. 숨이 가쁠 때는 서로 불편하지 않은 체위로 바꾼다.

아빠만 보세요

조금만 더 참으면 이제 곧 크게 힘든 시기는 지나간다. 아내의 정신적·신체적인 변화를 이해하기 힘들 수도 있다. 하지만 아내가 짜증을 부릴 때 감정적으로 대응해서 일을 크게 만들지 않도록 하자. 차분히 마음속으로 천까지 세고 나면 모든 상황이 정리된다.

이 시기의 경험은 나중에 좋은 부모가 되는 데도 밑거름이 된다. 아기가 태어나면 많은 것이 변한다. 하루 일을 마치고 피곤한 몸으로 집에 돌아오면 집안이 잔뜩 어질러진 상태일 때도 있다. 아기를 돌보느라 바쁜 아내가 집안을 미처 치우지 못할 경우도 있고, 열심히 치워 놓아도 금세 어질러진다. 이것도 부모가 감당해야 할 삶의 일부분이다.

아내의 임신기간이든 출산 후든 힘들더라도 평정심을 잘 유지하고 자신만의 행복한 장소를 찾도록 한다. 예를 들어 거실이나 방 안에 걸린 큰 그림을 보면서 어떤 황당한 일들이 일어났는지 적어본다. 아이의 돌잔치 때 아내와 함께 그 글을 보면서 즐겁게 웃을 날이 곧 온다. 아내에게 남편의 세심한 부분을 보여줄 수 있는 좋은 방법이기도 하다.

예비엄마의 걱정:
① 체중이 늘었다.

걱정 때문에 성욕을 느끼지 못한다는 부부들이 있다.

예비아빠의 걱정 :
❷ 삽입할 때 아기가 다칠까봐 걱정된다.

❷

⚠️❓ 임신 중 성생활을 위한 조언

❶ 1기가 지난 후에는 똑바로 누운 자세에서는 정맥이 눌려 불편할 수 있다.

❷ 부부 모두에게 편하고 만족감을 주는 다른 체위를 찾는다.

뱃속 아기가 얼마나 자랐는지 궁금하다면 자주 먹는 과일 크기에 비교하는 것
은 어떨까. 남편과 함께 시장이나 마트에 가면 작은 수박을 하나 들게 해본다.
그리고 항상 뱃속에 수박을 넣고 다니는 상상을 해보라고 한다. 아직 임신 8주
라면? 남편의 동정어린 눈빛은 기대하지 않는 것이 좋다. 이때의 아기는 포도
한 알 크기 정도로 작다.

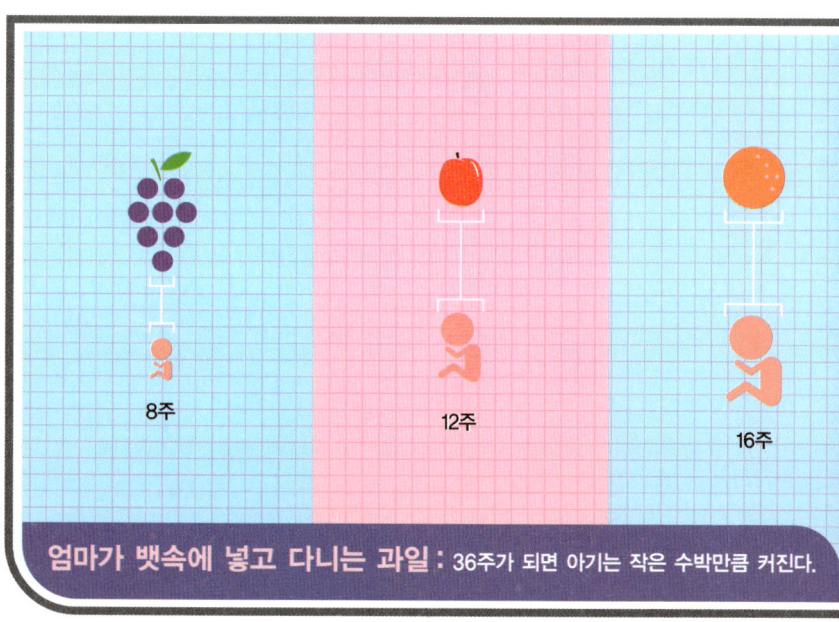

엄마가 뱃속에 넣고 다니는 과일 : 36주가 되면 아기는 작은 수박만큼 커진다.

- 8주 : 포도 한 알
- 12주 : 자두
- 16주 : 오렌지
- 20주 : 자몽
- 28주 : 멜론
- 36주 : 작은 수박

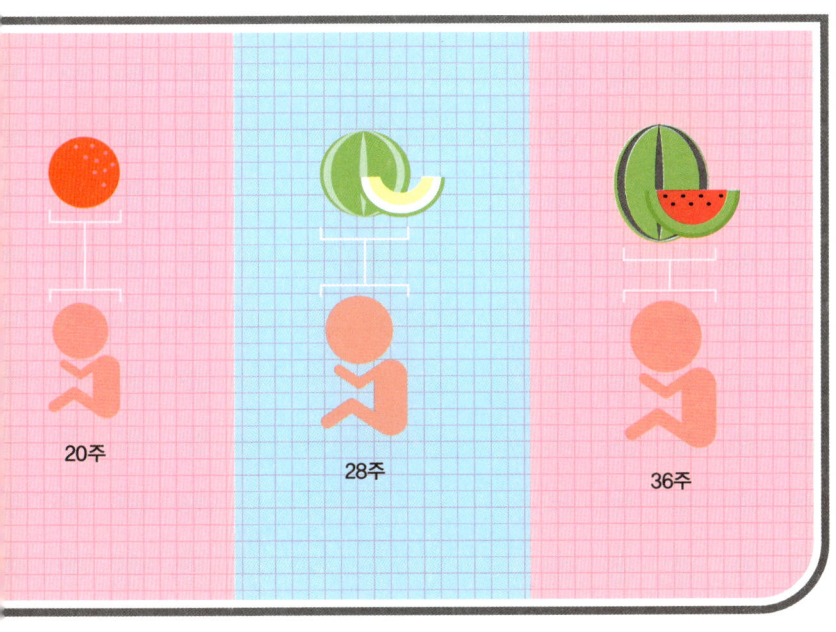

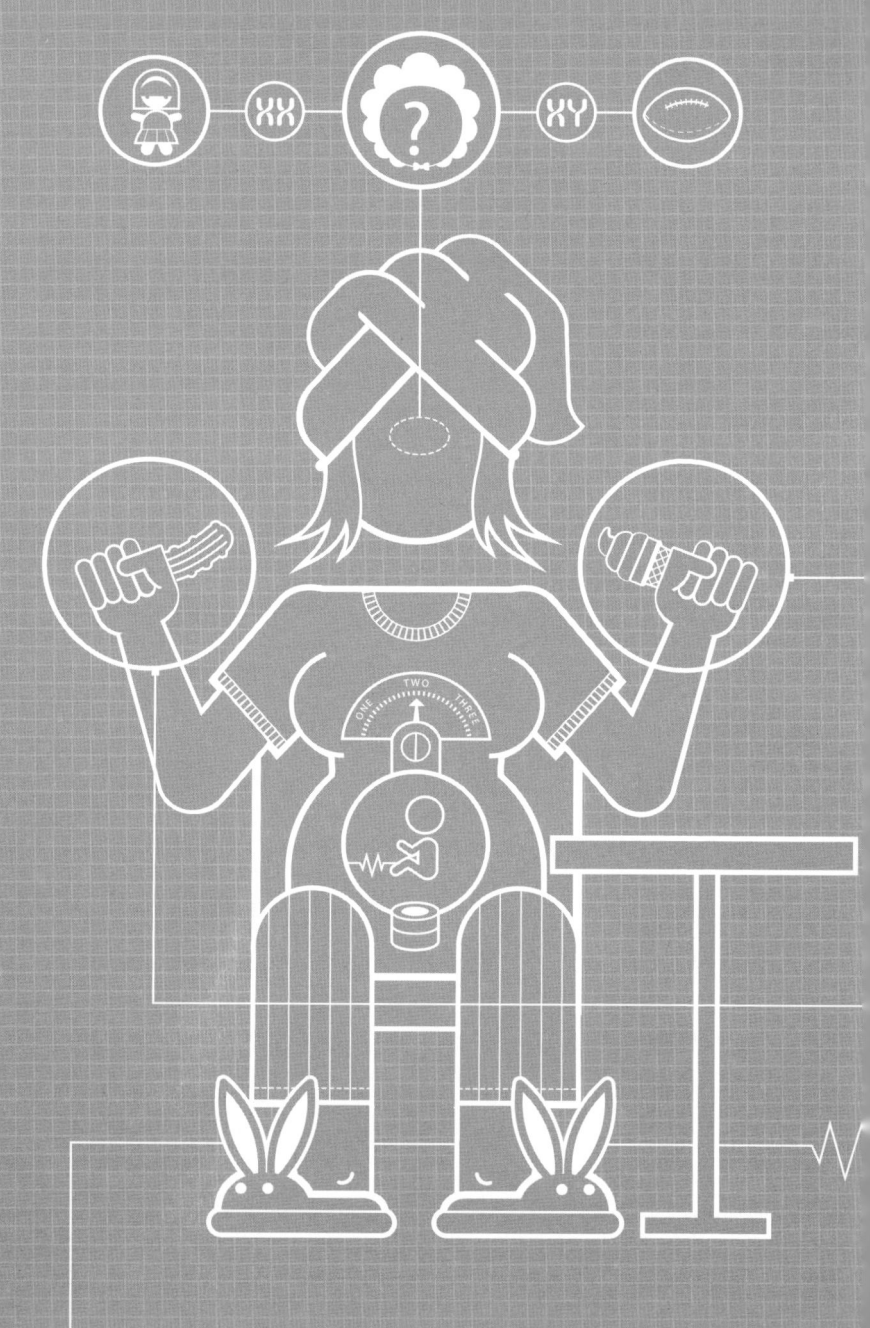

Chapter 3

임신 2기

임신 14~26주의 아기 성장

주수

14 ✓ 양수를 '호흡' 하는 흉내를 내 폐가 기능을 시작한다(그림 1).

15 ✓ 솜털이 자란다(그림 2).
✓ 엄지손가락을 빨기 시작한다.

16 ✓ 외부 생식기가 완성된다.

17 ✓ 지방층이 성장한다.
✓ 소리를 들을 수 있다(그림 3).

18 ✓ 움직임이 많아진다.

19 ✓ 장 속에 태변이 생긴다(그림 4).

20 ➡ 임신 기간의 중간 지점이다.

주수

21 ✓ 엄마와 다른 수면 패턴이 생긴다.

22 ✓ 지문이 생긴다.
✓ 엄마가 태동을 느낀다.

23 ✓ 양수를 마시고 배설한다(그림 5).

24 ➡ 엄마 배 밖으로 나가도 생존이 가능해진다.

25 ✓ 식사 후와 잠자기 전에 규칙적으로 움직임이 많아진다.

26 ✓ 눈이 완성된다(그림 6).
✓ 폐에서 표면 활성물질이 합성된다.

이 시기가 엄마가 가장 편안한 기간이다.

28cm

임신기간 중 가장 편안한 때가 이 시기다. 배는 불렀지만 아직 많이 힘들지는 않다. 입덧과 두통은 사라지고, 낮잠은 오지만 견디기 힘든 피로감도 줄어든다. 아직 숙면과 소화에는 문제가 없다. 하지만 임신 말기가 되면 문제가 생긴다. 임신 2기에 해당되는 3개월은 마치 배가 어떤 목표 지점에 이르기 위해 속도를 내서 순항하는 과정과도 같다.

임신 14~26주의 아기 성장

임신 2기 동안 우리 사랑스러운 꼬마 땅콩은 이런 과정을 겪는다.

14주 ┃ 호흡하는 흉내를 내며 폐가 기능을 하기 시작한다. 양수가 폐를 들락날락하는데, 이를 통해 폐와 호흡에 사용되는 근육이 발육된다. 출생과 동시에 자기 폐로 스스로 호흡해야 하므로 미리 튼튼하게 만들어 놓아야 한다. 출생 전까지의 아기는 탯줄을 통해 들어오는 엄마 혈액 속의 산소를 이용한다.

15주 ┃ 아기 몸에 솜털이 나기 시작하고 엄지손가락을 빨 수 있다.

16주 ┃ 외부생식기가 완성된다.

17주 ┃ 지방층이 만들어지기 시작하고 소리를 들을 수 있다.

18주 ┃ 자궁 속에서 아기의 움직임이 활발해진다.

19주 | 아기 뱃속에서 태변이 만들어진다. 이것이 아기의 첫 똥으로 나온다.

20주 | 드디어 임신기간의 중간 지점이다.

21주 | 아기가 자신만의 수면 리듬을 갖게 된다.

22주 | 지문이 생긴다. 전치태반인 경우를 포함해 대부분의 임신부가 태동을 느낀다.

23주 | 아기가 양수를 마시고 배설한다.

24주 | 아기 스스로 살아갈 능력이 생긴다. 이 시기의 태아는 조산 등으로 자궁 밖으로 나와도 생존이 가능하다.

25주 | 아기의 움직임이 더 또렷하고 주기적으로 변한다. 보통 엄마가 밥을 먹고 난 후와 잠들기 전에 활발하게 움직인다.

26주 | 아기 눈이 완성된다. 폐에서 조직이 달라붙지 않게 해주는 표면활성물질이 분비된다.

의사의 한마디

22주가 되면 엄마들 대부분 태동을 느끼는데, 태반의 위치에 따라 더 일찍 느끼는 사람도 있다. 태반이 자궁 뒷벽 쪽에 있으면 아기는 앞쪽 복벽의 신경에 가까워지기 때문에 16주 정도면 엄마가 아기의 움직임을 느낀다. 반대로 태반이 앞쪽 벽에 위치하면 아기가 커져 움직임이 더 강해질 때까지 엄마가 느끼지 못한다. 태반이 앞에 있는 임신부의 경우, 아기의 움직임에 방해를 받지 않아 잠을 푹 잘 수 있다.

아기의 성별

임신을 하면 예비엄마, 예비아빠는 물론 주변사람들도 뱃속의 아기가 아들인지 딸인지 궁금해하는 경우가 많다. 또 아들인지, 딸인지 쉽게 구분하는 방법에 대해서도 많이 알려준다.

- 배가 둥글게 올라붙었으면 딸이고, 처져 있으면 아들이다.
- 단 음식이 당기면 딸이고, 신 음식이 당기면 아들이다.
- 아기의 심장박동이 1분에 150회 이상 뛰면 딸이고, 미만이면 아들이다.
- 피부가 나빠지면 딸이다.
- 코가 넓어지면 아들이다.
- 결혼반지를 실에 묶어 배에 갖다 댔을 때 원을 그리며 움직이면 아들이고, 앞뒤로 움직이면 딸이다.
- 배 모양이 펑퍼짐하면 아들이고, 볼록하면 딸이다.
- 입덧이 심하면 딸이다.
- 임신 전보다 발이 차면 아들이다.

- 임신기간에 아빠의 몸무게가 늘면 아들이다.

　이처럼 성별 구분과 관련해 여러 가지 속설이 있다. 하지만 근거가 없는 방법이 대부분이므로 믿지 않는 것이 좋다.

임신 2기의 병원 진료

2기에도 한 달에 한 번씩 병원에 간다. 고위험 산모라면 더 자주 가야 한다. 2기에 새로 생긴 증상을 물어보고 1기에 하던 기본 검사도 다시 한다.

- 체중 측정
- 혈압 측정
- 소변 속 글루코오스 · 단백질 · 혈액 여부 검사. 소변에서 당 함량이 높게 나오면 당뇨가 의심되고, 단백질이 나오면 신장 기능 이상이나 임신중독증이 의심된다. 혈액이 비치면 신장의 감염이나 요석이 원인일 수 있다.
- 발목과 손에 부기가 있는지 검사한다. 심하게 부으면 임신중독증인지 봐야 한다.
- 아기의 심장박동 검사
- 자궁 기저부 검사를 통해 아기의 성장을 살핀다.

2기에 하는 검사

이 시기에는 갑자기 몸이 훨씬 가뿐해진다. 뭔가 이상이 생긴 걸까? 입덧과 피로감이 덜해지면서 대부분의 예비엄마들이 이런 생각이 든다. 아직 배는 그렇게 많이 나오지 않고 아기의 움직임도 적다.

임신 1기에 비해 너무 편해진 예비엄마들은 아기의 움직임에 신경을 곤두세우고, 움직임이 적으면 불안해한다. 때문에 병원에 가면 담당의사에게 걱정을 털어놓는다.

"선생님, 몸 상태가 좋고 힘도 넘쳐요. 좋긴 한데 뭔가 잘못된 것 같아요. 아기도 별로 안 움직여요."

2기에 받는 검사를 통해 이런 걱정과는 달리 아기가 잘 자라고 있다는 사실을 확인할 수 있다. 만약 검사 결과가 나쁘더라도 어떤 조치를 취해야 할지 대

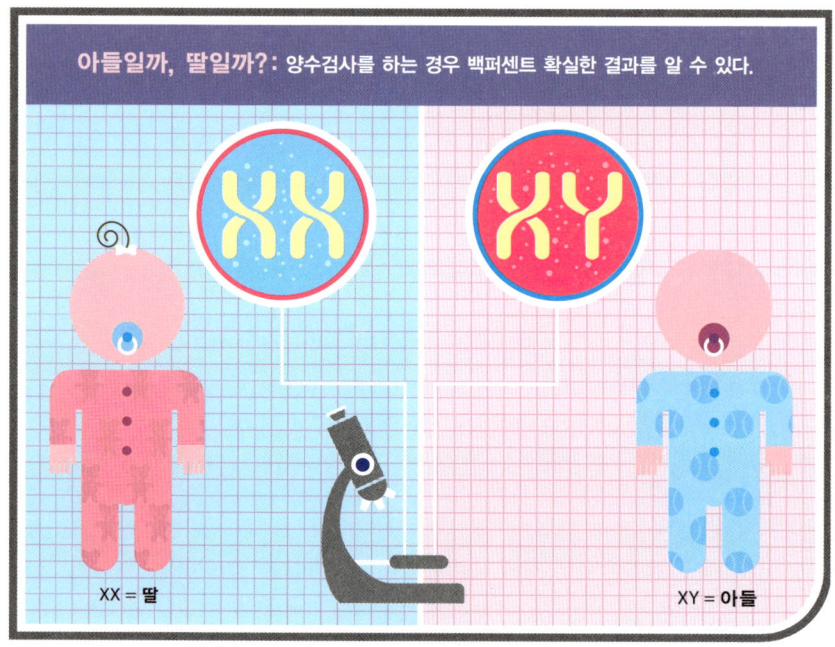

아들일까, 딸일까? : 양수검사를 하는 경우 백퍼센트 확실한 결과를 알 수 있다.

XX = 딸

XY = 아들

책을 세울 수 있다. 초음파 검사를 하면 아기가 자궁 속에서 부드럽게 헤엄쳐 다니는 모습도 보인다.

양수 검사(15~18주, 보통 16주에 한다) | 모든 여성을 대상으로 하는 검사가 아니라 기형아 출산 위험이 높아지는 35세 이상 산모나 쌍둥이를 임신한 산모, 혹은 기형아 가족력이 있는 임신부가 주로 받는다.

양수 검사 방법

1 배를 소독하고 주사바늘을 양수주머니에 찔러 넣는다. 아랫배 쪽에는 신경이 상대적으로 적게 분포하기 때문에 마취는 하지 않는다. 실제로 배꼽 주변 피부를 세게 꼬집어도 크게 아프지 않다.

2 의사가 초음파 기계를 보면서 태반과 아기를 피해 바늘을 움직인다.

3 안전하게 양수를 뽑아낸다.

4 양수에서 태아의 세포를 골라내 실험실에서 배양하고, 염색체 수를 분석해 DNA를 검사한다. 염색체는 46쌍, 성염색체(XX나 XY)가 두 개 있어야 정상이다. 낭포성 섬유증이나 겸상백혈구 빈혈 같은 특정 유전질환을 검사하기도 한다.

5 10일 내에 검사 결과가 나온다.
  *이때 1백퍼센트 확실하게 아기 성별을 알 수 있다.

초음파 검사(21~22주) | 아기의 몸을 구석구석 정밀하게 검사한다. 손가락·발가락 수도 확인하고 내부 장기, 골격, 뼈, 태반, 탯줄에 문제가 없는지 살핀다. 필요하면 더 정밀한 초음파 검사를 하기도 한다. 초음파 검사를 할 때 아기가 어떤 자세를 취하느냐에 따라 성기의 형태가 잘 보이면 성별도 알 수 있다.

 의사의 한마디

만약 아기를 낳을 때까지 성별을 알고 싶지 않다면 담당의사에게 말한다. 간호사나 다른 사람이 실수로라도 말하지 않도록 의견을 존중해달라고 한다. 초음파 담당의가 검사실로 들어올 때도 다시 이야기하는 것이 좋다.

 아빠만 보세요

가능하면 임신 2기에 받는 정밀초음파 검사 때는 병원에 같이 간다. 아내 뱃속에서 아기가 움직이는 모습을 보면 지금까지 아내가 무엇을 느껴왔는지 이해하게 된다. 모니터를 통해 아기가 자그마한 손을 흔드는 모습을 보거나 작은 엄지손가락을 빠는 모습, 팔로 머리를 감싼 모습을 볼 수도 있다. 그 순간 갑자기 자신이 어른이 되어 이 작은 아기의 아빠가 되었다는 사실을 실감하게 된다.

당뇨 검사(25~28주) | 임신성 당뇨 검사를 받는다면 임신 2기가 끝나고 3기가 시작되는 시기다. 설탕물 같은 액체(글루코오스 용액 50g)를 마시고 1시간 후에 혈액 검사를 한다. 임신성 당뇨 양성 반응이 나오면 정확하게 확인하기 위해 3시간 걸리는 진단 검사를 받아야 한다.

임신성 당뇨라는 진단이 나오면 당분과 탄수화물 섭취를 줄인다. 조금이라고 방심하고 먹어서는 안 된다. 혈당이 지속적으로 높게 유지되면 인슐린 같은 약물을 처방해 떨어뜨려야 한다.

 의사의 한마디

정확하게 하려면 모든 임신부에게 3시간이 걸리는 혈당 검사를 하는 것이 좋다. 오랜 시간 동안 임신부의 글루코오스 대사를 더 확실하게 볼 수 있기 때문이다. 그러나 이 검사를 할 때는 임신부가 8~12시간을 굶어야 하기 때문에 힘들다. 연구 결과에 따르면 저위험 산모의 대부분은 금식을 하지 않고 1시간가량 걸리는 당뇨 검사로 충분히 진단이 가능하다고 한다.

AFP · 트리플 · 쿼드 검사

다운증후군과 이분척추증 여부를 알아보는 검사들로, 진단 검사가 아니라 선별 검사에 해당된다. 선별 검사 결과가 좋지 않으면 확진을 위해 양수 검사나 고정밀 초음파로 기형 여부를 다시 확인한다. 쿼드 검사가 가장 민감도가 높고 흔하게 시행하는 검사다. 어떤 검사를 하는 것이 가장 적합한지는 담당의사와 상의해서 결정한다.

알파 태아단백 검사(16~18주) | 아기가 알파 태아단백(alpha-fetaprotein; AFP)을 만들어내면 이것이 엄마의 혈액으로 퍼지기 때문에 혈액 검사로 가능하다. AFP의 농도가 높으면 신경관 결손, 낮으면 다운증후군이 의심된다. 융모막 검사를 받은 임신부는 16주가 되면 이 검사를 통해 이분척추증 등 기형 검사를 한다.

트리플 검사(18~20주) | 혈액 검사인데, AFP보다 정확한 방법이다. 트리플 검사에서는 AFP뿐만 아니라 HCG, 에스트로겐의 일종인 에스트리올 농도까지 본다. 신경관 결손과 다운증후군 발병 위험을 알려주는 물질들을 자세히 살펴 한 가지라도 이상이 발견되면, 초음파나 양수 검사를 통해 확진한다.

쿼드 검사(18~20주) | 트리플 검사보다 더 정밀하기 때문에 임신부 대부분이 이 검사를 선택한다. 인히빈 A(태아와 태반 발달에 관여하는 물질로 임신 중 항체와 태반에서 생성된다)의 농도를 더 검사해 임신 1기에 했던 목 투명대 검사, PAPP-A 혈액 검사 결과와 합해 판단한다. 다운증후군과 염색체 이상을 찾아내는 데 가장 정확한 선별 검사다.

 의사의 한마디

염색체 이상이나 기형 검사는 부모 스스로 결정해야 한다. 사회적 · 윤리적 · 종교적 신념 때문에 안 하는 경우도 간혹 있는 것이 사실이다. 만약 검사 결과가 좋지 않으면 어떻게 해야 할지도 고려한다.

아기 몸을 만드느라 엄마는 힘들어요

임신 1기에 나타난 신체 변화(가슴의 변화 · 아랫배 통증 · 변비 · 더부룩함 · 어지럼증 · 숨 가쁜 증상 · 정맥류 · 치질 · 빈뇨) 외에도 몇 가지 불편한 증상이 더 생긴다. 하지만 2기는 그래도 편한 시기라는 사실을 기억하자.

털이 많아진다 | 호르몬 때문에 각종 털과 손발톱이 빠르게 자라고 전에 없던 곳에도 털이 생긴다. 그대로 두어도 좋고, 신경 쓰일 때는 제모를 하면 기분이 한결 나아진다.

잇몸 출혈 | 전체적으로 혈액량이 늘어나기 때문에 작은 자극에도 잇몸에서 피가 날 수 있다. 더 부드러운 칫솔을 사용하는 것이 좋고, 양치질은 살살 하는 습관을 들인다.

속쓰림 | 호르몬 때문에 소화가 느려지고 식도 괄약근의 긴장도가 떨어지면 위산이 역류해 속이 쓰리다. 이럴 때는 제산제를 먹으면 금방 증상이 완화되는 동시에 칼슘 섭취도 가능하다. 이때는 맵고 짠 음식은 소화가 잘 안 되므로 피한다. 식사 후에 바로 눕는 것도 금물이다.

코피·코막힘 | 호르몬의 영향으로 콧속 혈관이 부어오르고 혈액량이 증가해 코피가 잘 나고 코가 막힌다. 피가 나면 꼭 누르고 있거나 얼음을 주머니에 넣고 살며시 대어 지혈시킨다.

손목터널 증후군 | 손목을 지나는 신경이 부어서 눌린다. 신경이 어느 정도 이상 눌리면 손이 따끔거리거나 감각이 둔해지는데, 손목에 깁스를 하면 압박과 염증이 덜하다. 임신 중에 나타나는 많은 증상들과 함께 출산하는 순간 사라진다.

피부 변화 | 호르몬의 영향으로 멜라닌세포가 활성화돼 피부에 색소가 침착된

다. 골반 뼈와 배꼽 사이에 '임신선'이라는 검은 선이 생기고 얼굴에는 갈색 반점과 기미가 나타난다. 예전에 있던 점도 색이 짙어지거나 크기가 커진다. 멜라닌세포가 활성화되는 것을 막으려면 햇볕을 피한다.

피부세포에서 임신호르몬을 활성화 신호로 받아들여 흔히 '쥐젖'이라고 부르는 연성 섬유종이 생기는 경우도 있다. 이런 변화 대부분은 아기를 낳고 나면 저절로 사라진다.

튼살 | 체중이 불면서 피부가 갑자기 늘어나는 부위 어디에나 생길 수 있다. 특히 배와 가슴, 엉덩이, 허벅지에 많이 나타난다. 완전히 사라지지는 않지만 시간이 지나면 연한 핑크색이 흰색으로 변한다.

임신성 건망증 | 많은 임신부들이 잘 잊어버린다. 뱃속 아기와 커진 몸, 아기를 낳기 전에 챙겨야 할 것들이 머릿속에 들어 있으니 오늘이 며칠인지, 안경은 어디다 두었는지 기억이 나지 않기 일쑤다. 심지어 병원 대기실에서 큰아이를 잃어버리는 경우도 있다.

질 분비물 | 이때 나오는 점액성 분비물은 해가 없고 오히려 자궁경부를 보호하는 역할을 한다. 만약 분비물이 진한 색일 때는 감염이 아닌지 의사에게 물어본다.

근육경련 | 자주 다리에 쥐가 난다. 다리가 붓고 탈수되는 현상과 신체의 무게 중심이 바뀌면서 근육 뒤쪽에 힘이 실리기 때문이다. 쉽게 말하면 임신부의 몸을 선 자세로 유지하는 데 힘이 든다는 이야기다. 같은 이유로 허리가 아프

고, 근육이 결리고, 어깨와 등 위쪽이 결리고, 뒷다리 관절과 종아리에도 경련이 찾아온다. 이런 증상은 잠이 들 무렵과 아침에 일어날 때 가장 자주, 심하게 나타난다.

임신복 고르는 요령

임신복을 살 때는 스타일이냐 비용이냐 사이에서 갈등이 많다. 임신으로 불어난 몸 때문에 스스로가 커다랗고 못 생겼다고 생각하는데, 이럴 때 멋진 임신복을 입으면 기분이 좋아질 것만 같다. 물론 그렇기는 하지만 가격표를 보면 마음이 무거워진다. 어떻게 해야 할까?

1 변한 체형을 잘 커버하고 입으면 기분이 좋아지는 몇 가지 중요 품목에는 돈을 아끼지 않는다.

2 굳이 임신복이 아니더라도 큰 사이즈의 옷을 파는 할인매장을 이용한다.

3 임신한 몸은 계속 변한다는 사실을 기억한다. 임신 초기의 임신복은 금방 못 입게 되고 막달이 가까워지면 더 큰 옷으로 사야 한다. 이런 사실을 염두에 두고 옷을 고른다.

4 친구나 친척, 주변사람들 중에 임신복을 물려줄 사람이 있는지 확인한다.

5 깨끗하게 입은 중고 임신복을 판매하는 인터넷 쇼핑몰 등을 이용하는 것도

새로 준비하세요

편하면서도 스타일리시한, 반드시 필요한
임신복은 망설이지 않고 마련한다.

1 편한 브래지어와 속옷
2 정장과 캐주얼에 모두 어울리는
  검정색 상의
3 잘 늘어나는 천으로 만든
  검정색 바지
4 색상이 차분하고 무난한 디자인의
  스커트
5 편안한 잠옷
6 무난한 티셔츠
7 임신부용 청바지
8 신발. 만삭이 되면 반 사이즈 정도
  큰 치수의 신발이 필요하다.

임신 1개월

9개월

한 방법이다.

6 몇 가지 무난한 바지와 스커트, 상의만 구입해 임신 전에 사용하던 액세서리와 함께 매치한다. 즉 기본 옷차림에 가방이나 목걸이, 팔찌, 귀걸이, 스카프, 구두 등으로 변화를 준다.

7 임신하지 않았을 때도 마찬가지지만 가로줄무늬, 큰 무늬, 어중간한 길이의 옷은 피한다. 불룩한 배가 오히려 강조된다. 색은 밝은 것보다는 어두운 색이 날씬해 보인다.

기본적으로 준비해야 하는 옷들

불어난 몸에 맞는 브래지어와 속옷 | 평소에도 그렇지만 특히 임신 중에는 가슴을 잘 받쳐주고 모아줄 수 있는 브래지어를 착용한다. 속옷은 배를 충분히 감싸거나 배 아래로 내려가는 것이라야 한다.

임신부용 청바지 | 어두운 색의 슬림한 디자인으로 고른다. 밑단이 좁아지는 스타일이나 스키니진은 몸매가 강조되니 피한다.

무난한 티셔츠 | 다른 옷과 겹쳐 입기 쉬운 디자인과 색상인 것이 좋다.

정장이나 캐주얼에 모두 어울리는 검정색 상의 | 한두 개 사놓으면 좋다.

신축성 있는 소재로 만든 검정색 바지 | 어느 옷에나 잘 어울려서 입기 편하다.

차분한 색상의 무난한 스커트 | 스커트도 신축성이 있으면서 색상·디자인이 무난한 것으로 준비하는 것이 좋다.

편안한 잠옷 | 일을 마치고 집에 들어오면 바로 입고 아침까지 벗지 않는 옷이므로 최대한 편한 것으로 고른다.

신발 | 만삭이 되면 평상시 치수보다 반 사이즈 크게 신는다. 운동화 한 켤레와 정장 구두 한 켤레를 마련하면 좋다. 단, 신발 끈을 묶는 디자인은 피한다.

잠자는 기술

배가 불러올수록 잠자는 것이 쉽지 않다. 속이 쓰리고 코가 막히는가 하면, 코골이 증상도 생긴다. 다리는 저리고, 아기가 커지면서 횡격막을 눌러대고 가슴이 뛰니 제대로 잠을 잘 수가 없다. 이럴 때는 아기가 태어나면 젖을 먹이고 기저귀를 가느라 밤을 새우는 것을 미리 연습한다고 생각해도 좋다.

어떤 임신부들은 엉덩이가 아파 밤새 이리저리 뒤척인다. 코골이 소리도 더 커지고 자다 깨어 화장실에 몇 번씩 들락날락해야 하는 것도 괴롭다. 이쯤 되면 남편은 아예 베개와 이불을 들고 소파로 도망간다.

임신기간에 숙면을 취하는 요령

1 왼쪽으로 누워서 잔다. 출산 때까지 바로 누워 자면 안 된다. 천장을 보고 누우면 커진 자궁이 큰 혈관(척추를 따라 가슴과 배를 지나는 대동맥과 대정맥)을 눌러 심장으로 가는 혈액의 양이 줄어들고, 결국 아기에게 가는 혈액

도 줄어든다. 아기에게 피해가 가기 전에 엄마 먼저 가슴이 뛰고, 호흡이 가빠지고, 어지러워지는 등의 증상을 겪는다.

그렇다고 옆으로 자려고 너무 의식하지 않는다. 바로 자다가 잠에서 깨어나면 옆으로 눕는다. 이왕이면 심장이 있는 왼쪽으로 누워 자면 심장의 부담을 줄일 수 있다.

2 베개를 잘 이용한다. 작은 베개를 여러 개 쓰는 사람도 있고, 긴 베개 하나만 쓰는 사람도 있다. 잘 때 옆으로 누워 다리 사이에 베개를 끼워본다. 다리가 엉덩이 관절에서 떨어지는 각도가 줄어 관절에 가해지는 스트레스와

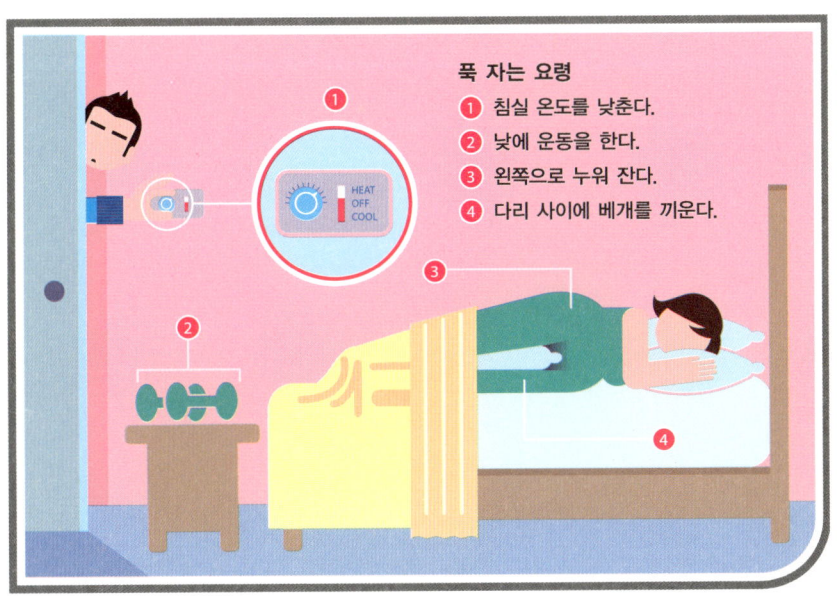

통증이 한결 덜하다. 다만 남편이 자기 쪽으로 커다란 베개 두는 것을 좋아하지 않을 수는 있다.

3 침실 온도를 낮춘다. 적정 온도는 22℃ 이하다. 임신부의 기초체온은 임신하지 않은 사람과 크게 다르지 않지만, 호르몬 변화와 아기 때문에 열을 발산하는 능력은 떨어진다. 때문에 온도가 높으면 숙면을 취하기 어렵다.

4 낮에 무리가 되지 않을 정도로 적당한 운동을 한다. 낮에 기운을 많이 소모하면 밤에 더 푹 잘 수 있다.

5 자리에 누웠는데 잠이 오지 않는다면 억지로 잠을 청하기보다는 침대에서 나와 책을 읽는다. 다시 졸음이 오면 침대에 누워서 잠을 청해본다. 수면리듬이 일정해질 때까지 낮잠은 자지 않는 게 낫다.

 의사의 한마디

인간은 동굴 생활을 하고, 흙을 먹고, 동물들에게 쫓기면서도 잘 살아왔다. 그 당시에는 베개 같은 것도 없었고, 왼쪽으로 자는지 오른쪽으로 자는지 모르고도 잘 생존해왔다. 그러니 지금 제대로 자고 있는지는 걱정하지 않아도 좋다. 엎드려 자는 자세로 배를 압박하지만 않는다면 어느 쪽으로 자도 별 문제가 없다.

감기나 독감에 걸렸을 때

가뜩이나 몸이 무겁고 고생스러운데 감기까지 걸리면 설상가상이다. 하지만 엄마의 몸에서 감기 바이러스에 대항해 만들어내는 항체가 태반을 거쳐 아기까지 지켜준다는 사실을 안다면 안심이 된다. 아기는 스스로 항체를 만들 때까지 출산 후에도 몇 주 동안 이 항체를 갖고 살아간다.

갑자기 감기나 독감에 걸리지 않으려면, 또 빨리 나으려면 어떻게 해야 할까.

- 독감 예방주사를 맞는다. 독감은 10월에서 이듬해 3월 사이에 주로 유행한다. 아기는 태어난 후 몇 주 동안은 독감에 대해 면역이 있다. 예전에는 독감 예방주사를 임신 1기가 지난 후에 맞도록 했다. 하지만 이제는 어느 시기에 맞아도 엄마와 아기에게 안전한 것으로 알려져 있다.
- 피로가 쌓이지 않도록 그때그때 잘 쉰다.
- 수분을 충분히 섭취한다.
- 코가 막힐 때는 실내에 젖은 빨래를 널거나 가습기를 사용해 공기가 건조하지 않도록 한다.
- 고열이나 기타 감기 증상이 3일 내에 좋아지지 않는다면 바로 병원에 간다.
- 심한 감기일 때는 아기에게 안전한 약을 처방받는다. 처방전 없이 약국에서 구입할 수 있는 약 중에도 임신부에게 해가 되지 않는 약들이 있다.

임신부에게 안전한 약

임신부들도 경우에 따라 흔하게 사용하는 약들이다. 대부분 임신부에게 안전한 것으로 보고돼 있다. 하지만 약이라는 게 효능이 있으면 부작용도 있기 마련이므로 임신 중에 약을 복용하기 전에 반드시 의사와 상의해야 한다.

알레르기 · 감기 | 디펜히드라민, 클로르페니라민, 로라타딘, 클레마스틴

기침 | 덱스트로메트로판

코막힘 | 슈도에페드린

진통 · 두통 · 열 | 아세트아미노펜

가스 | 시메티콘

변비 | 식이섬유, 대변연화제(도큐세이트 나트륨), 변비약

치질 | 1% 하이드로코르티손 연고

불면증 | 디펜히드라민

 의사의 한마디

임신 중에는 병에 더 잘 걸린다. 이 기간에는 잠도 잘 못 자고 식습관에도 변화가 생겨 훨씬 피곤하기 때문이다.

임신기간의 여행

몸이 무거워도 일 때문에 출장을 가야 하는 예비엄마도 있고, 아기가 태어나기 전에 마지막으로 남편과 낭만적인 시간을 보내고 싶어 여행을 떠나는 경우도 있다. 고위험 산모가 아니라면 여행이 전혀 위험하지 않고, 고위험 산모라고 해도 주의하면 여행을 못할 것도 없다.

임신 34주 이후에는 비행기 여행을 삼가도록 하는 의사들이 많다. 집에서 멀리 떨어진 곳에서 출산할 수 있기 때문이다. 흔히 비행기를 타는 경우 '혹시 아기를 낳으면 어떻게 하나?' 하는 마음이 들 수 있다. 하지만 출산예정일이 멀었다면 비행기 객실 안에는 일정한 압력이 유지되므로 고도가 높아져도 양수가 터질 위험은 없다.

항공사마다 어느 단계의 임신부까지 태우는지에 대한 규정은 다르다. 비행기로 이동하는 여행을 준비 중이라면 막판에 당황하지 않도록 미리 담당의사가 여행을 허락했다는 증명서를 준비한다. 꼼꼼하게 준비하는 것이 눈물을 머금고 타기로 했던 비행기 앞에서 여행을 포기하는 것보다 백번 낫다.

안전한 여행 요령

1 안전하고 깨끗한 숙박시설을 갖추되 만약의 경우를 대비해 큰 병원에서 가까운 여행지를 고른다.

2 예방주사를 맞고 가야 하는 지역으로의 해외여행은 다음으로 미룬다. 뎅기열(모기를 통해 감염되는 열대병)이나 콜레라 위험이 있는 곳은 가지 않는다.

3 국내여행을 할 때는 수돗물과 얼음을 함부로 먹지 말고 반드시 정수된 물이나 생수를 마신다.

4 임신 날짜와 최근의 상태가 기록된 산모수첩을 항상 가지고 다닌다. 함께 여행하는 사람들도 임신 몇 주인지 알고 있어야 무슨 일이 생기면 도울 수 있다.

5 여행지나 공항에 고립될 때에 대비해서 임신부용 비타민을 충분히 가져간다.

6 군것질거리도 여유 있게 가져간다.

7 비행기를 타야 할 때는 표를 구입하기 전에 임신부에 대한 규정을 다시 한 번 확인한다. 항공사에 따라 36주 이후에는 탑승을 금지하기도 한다.

8 비행기 안에서는 항상 수분을 충분히 섭취한다. 비행기 안의 공기는 매우 건조하고 코막힘 같은 임신 증상을 악화시키는 경향이 있다. 콧구멍 속에 바셀린을 조금 바르면 낫다.

9 비행기나 자동차, 기차 안에서 같은 자세로 오래 앉아 있지 않는다. 심부정맥 혈전증이 생겨 혈액순환에 장애가 생길 위험이 있다. 심부정맥 혈전증은 이코노미클래스 증후군이라고도 하는데 혈액이 굳어서 혈관을 막는 질환이다. 심부정맥 혈전이 심장이나 폐, 뇌로 가면 매우 위험하다. 다리도 꼬고 앉지 않는다.

10 임신 전과 마찬가지로 자동차에 타면 무조건 안전벨트를 맨다.

11 승용차를 타고 갈 때는 휴게소에 자주 들러 휴식을 취한다.

아가야, 엄마 목소리 들리니?

아기의 청각기관이 완성되는 임신 2기에는 아기가 엄마의 목소리를 들을 수 있다. 연구 결과 아기는 엄마의 목소리를 듣고 반응하는 것으로 나타났다. 양수와 자궁 벽, 엄마의 배로 가로막혀 작고 웅웅거리듯이 느껴지긴 하지만 엄마의 목소리를 들을 수 있는 것이다. 아기는 엄마 뱃속의 온갖 장기가 움직이는 소리에도 익숙해진다. 태아 심음 측정기 같은 것으로 소리를 들어보면 '쉬이익, 쉬이익' 하고 양수가 움직이는 것과 비슷한 소리를 낸다. 아기는 엄마의 소화기가 움직이고 심장이 뛰는 소리, 피가 흐르는 소리 등을 들으면 마음이 진정된다.

20주가 되면 아기는 외부에서 오는 자극(커다란 소리)에 반응한다. 구급차가 시끄러운 소리를 내며 지나가면 아기가 버둥거리고 발로 차기도 한다. 이제 엄마는 슬슬 말조심을 해야 하는 시기다.

배 만지지 마세요!

임신부의 볼록한 배를 보면 한번 만져보고 싶어 하는 이들이 의외로 많다. 하지만 어떤 임신부에게는 불편하고 신경 쓰이는 일이다. 사람들이 자꾸 배를 만지지 못하게 하려면 어떻게 할까.

누군가 배를 만지려고 하면 살짝 몸을 돌리거나 한두 걸음 뒤로 물러서는 게 좋다. 그래도 계속 다가오면 배 대신 팔을 잡도록 하고 말을 건다. 사람들

아기의 청각 발달 : 임신 2기에는 아기의 청력이 완성된다.

아기가 들을 수 있어요

❶ 엄마의 목소리

❷ 엄마의 심장 소리,
피가 흐르는 소리,
소화기관이
움직이는 소리

❸ 20주가 되면
큰 소리에 반응해서
파닥거리고
발로 찬다.

은 대화 중간에 잘 움직이지 않으려고 하므로 상대에게 시선을 떼지 않고 계속 이야기를 한다.

그래도 배를 만지려는 느낌이 들면 바로 허리를 숙여 신발을 고쳐 신는 척한다. 그리고 갑자기 기침이 심하게 나오는 척하고 배가 눈에 띄지 않도록 커다란 외투를 입는다. 상대가 계속 만지려고 할 때는 정중하면서도 정확하게 "만지지 말아달라"는 의사 표시를 하는 것이 좋다.

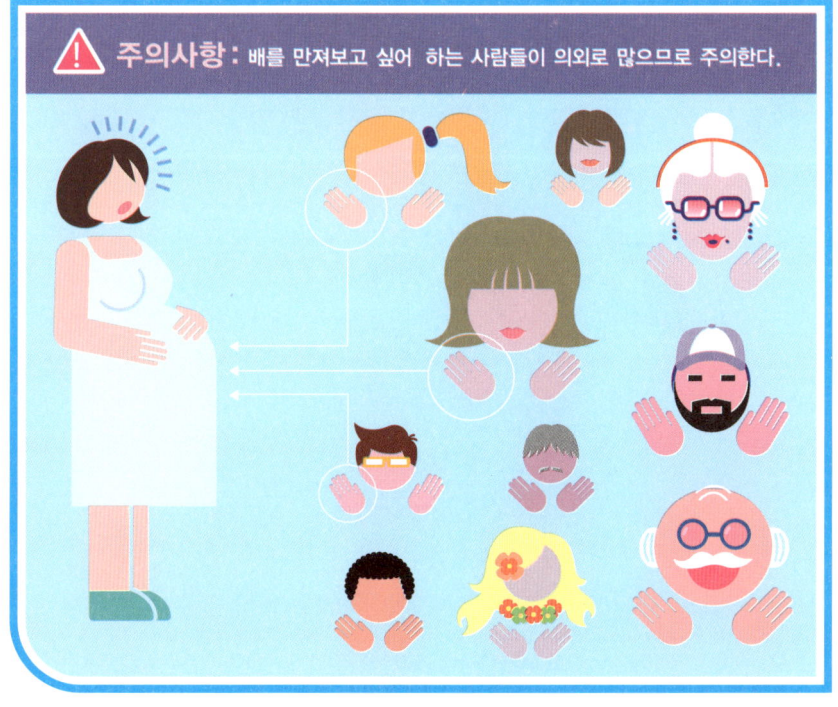

주의사항 : 배를 만져보고 싶어 하는 사람들이 의외로 많으므로 주의한다.

임신부교실 수업 듣기

첫 출산을 앞둔 예비엄마들은 뭐가 뭔지 모르는 것이 많다. 이런 예비엄마들을 도와주고 이미 출산 경험이 있는 엄마들에게는 기분전환이 되는 수업들이 있다. 출산과 모유수유, 육아 등 임신부에게 도움이 되는 여러 가지 상식을 알려주는 수업들이다.

약은 필요 없어요 :
자연분만교실에서 출산의 통증을 줄여주는 호흡법을 배울 수 있다.

출산교실 | 다니는 산부인과 병원에 출산교실 프로그램이 있는지 확인한다. 하루 또는 일정 기간을 정해서 길게 하는 수업도 있다. 출산의 모든 과정에 대해 자세히 알 수 있다. 즉 제왕절개, 무통마취, 출산과정의 고통을 줄이는 요령, 병원이나 조리원에 가져가야 할 준비물 등을 알려준다. 보통 출산 경험이 많은 간호사가 진행하는 경우가 많으므로 수업 중에 궁금한 내용이 있을 때는 물어보면 좋다.

자연분만교실 | 약물이나 수술 없이 이루어지는 출산 중 가장 많이 알려진 자연분만 방법이 라마즈, 브래들리, 소프롤로지, 르봐이예 분만이다. 라마즈는 프랑스 내과의사 페르낭 라마즈(Fernand Lamaze)의 이름을 딴 방법이고, 브래들리 출산은 남편 지도 출산으로 유명한 미국 의사 로버트 브래들리(Robert A. Bradley)의 이름을 붙인 것이다. 소프롤로지는 서양의 근육이완법과 동양의 요가를 혼합한 분만법으로 명상 · 호흡 · 이완훈련을 통해 분만의 고통을 최소로 줄이는 방법이다. 르봐이예 분만은 산모와 태아에게 가장 자연스러운 환경을 만들어주자는 데서 출발한 자연주의 분만법이다.

이중 가장 오랫동안 보편적으로 행해지고 있는 방법이 라마즈 분만이다. 엄마가 스스로의 지혜를 발휘해 출산의 고통을 잘 견딜 수 있도록 도와주는 방법이다. 라마즈 분만 수업을 들으면 통증을 줄이고 출산 속도를 빠르게 하는 방법을 알 수 있다. 출산에 도움이 되는 운동과 호흡, 자세, 음식, 아로마테라피, 물요법(질병을 치료 · 예방하는 데 물을 사용하는 대체의학) 등 구체적인 방법에 대해 자세히 알려준다. 이와 함께 가족들에게도 적절한 의학지식을 알려 출산과정을 잘 이해하고 따를 수 있도록 한다.

브래들리 출산은 남편의 사랑과 지지가 있으면 임신부가 약의 도움 없이 충분히 자연분만이 가능하다고 믿는 데서 출발한 방법이다. 브래들리 출산의 근육이완법은 출산의 고통이 심할 때 효과적이다. 브래들리 수업에서는 임신과 출산과정의 영양 섭취에 대해서도 알려준다. 보통 1회에 2시간 수업을 12회가량 진행한다.

이런 자연분만 수업에서는 출산은 지극히 정상적이고 자연스러우며 건강한 과정으로, 의사의 도움 없이도 할 수 있다고 강조한다. 자연분만은 엄마와 가족을 강하게 만든다. 특별한 약물의 도움 없이 예쁜 아기를 낳고 나면 엄마의 마음은 뿌듯하기만 하다.

육아교실 | 첫 아기를 가진 예비엄마, 예비아빠에게 도움이 되는 프로그램. 엄마가 아기를 데리고 병원에서 퇴원해 집으로 돌아왔을 때 두려움 없이 잘 돌볼 수 있도록 해준다.

이 수업에 등록하면 기저귀 가는 법, 목욕 요령 등의 기본적인 것부터 차근차근 알려준다. 처음에는 아기와 닮은 인형을 두고 기저귀를 채우는 데도 땀을 뻘뻘 흘리지만, 기저귀를 갈면서 한 손으로는 전화를 받고 남편에게 저녁은 뭘 먹을지 물어보는 날도 곧 온다.

모유수유교실 | 모르는 게 많은 초보엄마에게는 모유수유가 진땀나는 스트레스가 되기도 한다. 모유가 아기에게 가장 좋은 영양 공급원이고 모유수유가 자연의 섭리기는 하지만, 처음에는 쉬운 일이 아니다. 때문에 가능하면 모유수유교실에 등록해 기본지식을 알아두면 좋다.

엄마와 아기 모두 수유 리듬에 익숙해질 때까지가 힘든 시기다. 처음에는 아기가 젖을 잘 빨지 못해서, 또는 아기가 너무 조금씩 자주 젖을 빨려고 해서 힘들 수도 있고 때로는 젖의 양이 적거나 많아서 스트레스를 받기도 한다. 이 고비를 잘 견뎌내면 모유수유를 위한 고생이 충분히 가치가 있는 일이고, 아기와도 깊은 애착관계가 만들어졌다는 것을 느낀다.

모유수유를 하기로 마음먹었다면 미리미리 수유 상식을 알아둔다. 의사나 주변사람들이 소개하는 수유교실 수업을 받으면 좋다. 또한 아기를 낳고 나서 수유, 육아에 대한 궁금증을 풀 수 있는 카페나 블로그 등에 가입해도 좋다. 첫 아기를 낳은 초보엄마에게는 이미 같은 과정을 겪은 선배 엄마들의 조언과 격려가 많은 도움이 된다.

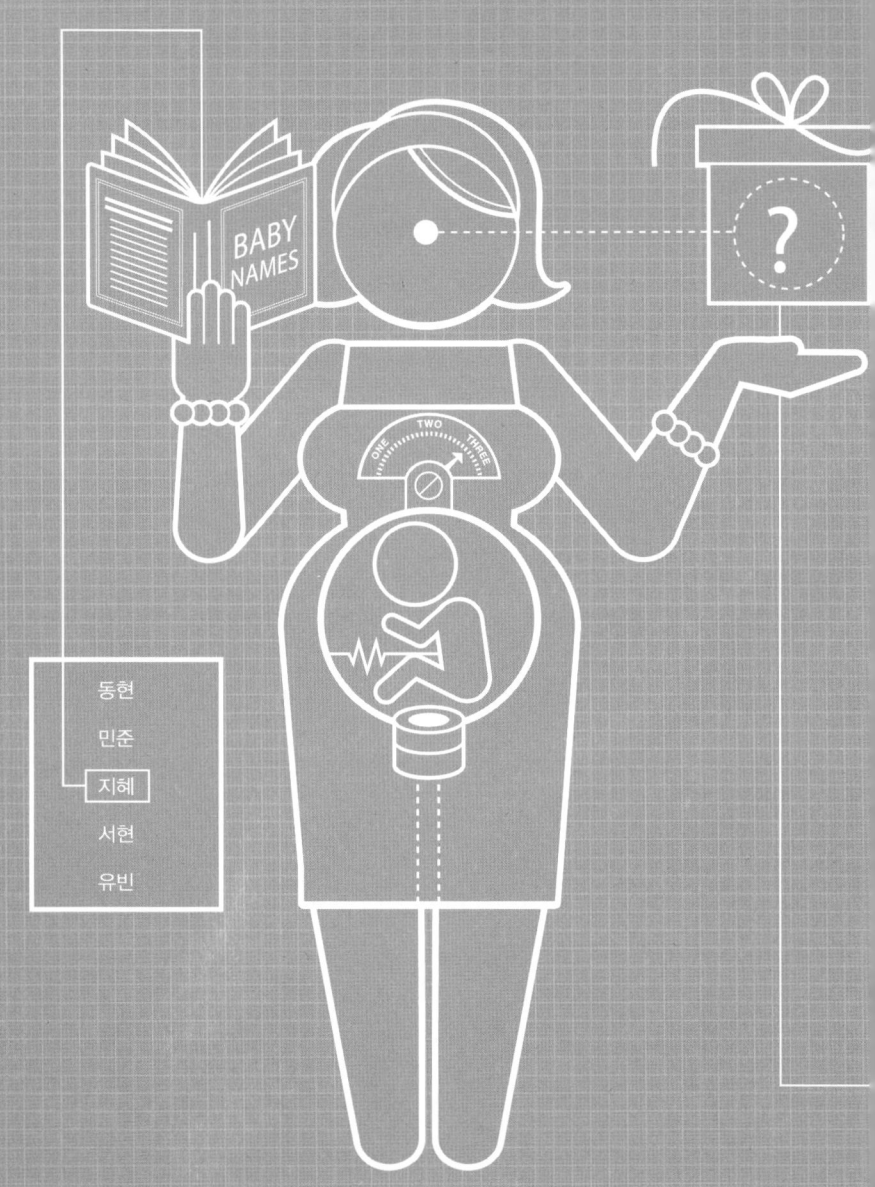

Chapter 4

임신 3기

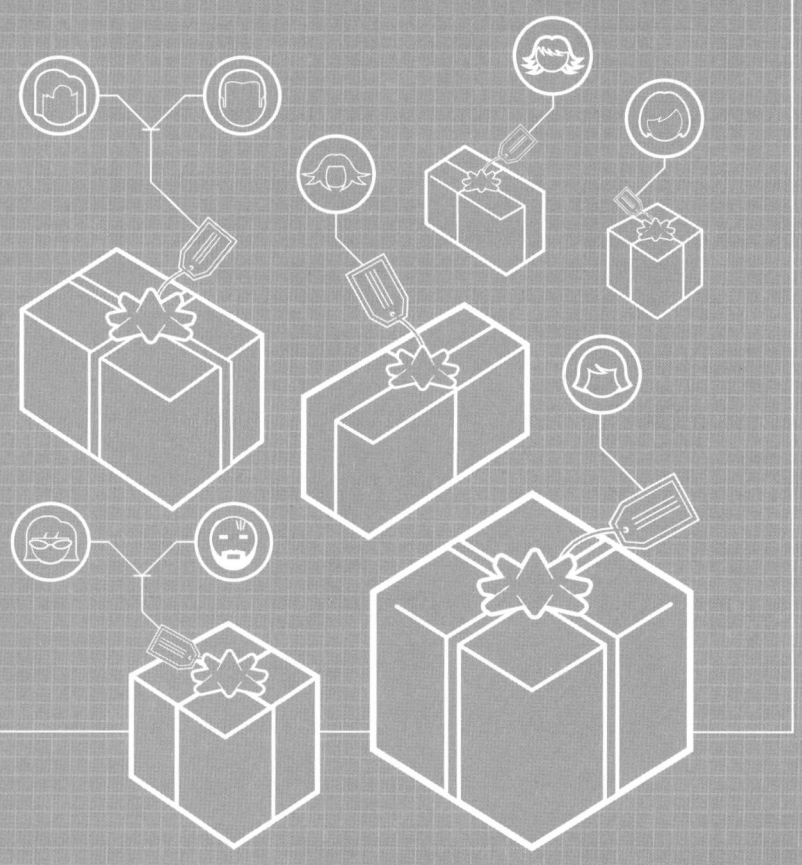

임신 27~40주의 아기 성장

주수		
27 ~ 33	✔ 후각이 발달된다.	✔ 지방층이 축적된다.
	✔ 체중이 1.5kg이다.	✔ 신장이 38cm 이상이다.
	✔ 눈을 떴다 감았다 한다.	✔ 눈으로 빛을 쫓는다.
34 ~ 36	✔ 체중이 2.25kg이다.	✔ 전신의 지방층이 두터워진다.
	✔ 폐가 잘 발달된다.	✔ 엄마 몸에서 면역을 위한 항체를 받는다.
37	➡ 이제부터 만삭이다.	
38 ~ 39	✔ 신장이 48cm 이상이다.	
	✔ 체중이 3kg 이상이다. *이 시기 아기의 키와 몸무게는 개인차가 크다.	
40	➡ 세상 밖으로 나갈 준비 완료	

42주 이상이 되도록 나오지 않으면 만산으로 보고,
41주가 경과하면 태반이 제대로 기능하는지 확인하는 검사가 필요하다.

임신 3기에는 이곳저곳 불편한 곳이 많아진다. 체중은 더욱 늘어나고, 여기 저기 쑤시고, 좀 전에 소변을 봤는데도 금세 화장실에 가고 싶고, 코를 골기도 한다.

하지만 이때쯤이면 몸의 변화에 적응하는 법도 배운다. 아기를 만나기 위해 불편한 과정을 잘 받아들이게 된다. 마지막 3기는 빠르게 다가오는 운명적인 그 날이 가까워지는 시기이기도 하다. 이제는 곧 아기를 품에 안고 맑은 눈을 들여다볼 수 있을 거라는 생각에 마음이 부푼다. "네가 바로 뱃속에서 꼬물거 리던 녀석이구나!" 하고 속삭일 날이 얼마 남지 않았다.

아기를 품에 안는 순간, 자기도 모르게 눈물을 흘리는 엄마들이 많다. 출산 후 호르몬이 다시 임신 전의 상태로 돌아가려고 하기 때문에 나타나는 현상이다.

아기 얼굴을 가까이 대고 바라보면서 부드럽게 안아줄 때, 혹은 아기의 천 사 같은 피부를 쓰다듬으며 부드러운 피부 촉감을 느끼면서 아기 냄새를 한껏 들이마셔 보자. 이때 느끼는 애착은 매우 강하면서 신기한 경험이다. 이런 특 별한 경험을 할 수 있는 이 세상의 모든 엄마들은 무척 행복한 존재다. 출산 후 몸이 회복되지 않은 상태에서 새벽에 수시로 깨어 아기 젖을 먹여야 할 때 이 사실을 새삼 떠올려보자. 그런 힘든 과정조차도 축복으로 받아들여질 것이다.

임신 27~40주의 아기 성장

아기의 장기와 골격이 모두 만들어져 자리를 잡았고, 이제는 출생의 순간을 기다리며 성장해나간다. 세상에 나와 스스로 체온을 유지하기 위해 피부의 지 방층도 만들어진다.

보통 임신 37주가 넘으면 만삭이 되었다고 한다. 42주가 넘어가도 아기가 나오지 않으면 만산이다. 41주가 넘어가면 태반이 아직 제대로 기능을 하는지, 아기에게 산소와 영양분이 충분히 공급되는지 검사를 받는 것이 좋다. 의사들은 42주가 넘으면 태반에 있는 공기가 부족해지므로 아기의 건강을 위해 유도분만을 권유하는 경우가 많다.

이 시기에 이루어지는 검사

이 시기에는 병원에 더 자주 가야 한다. 임신 32주부터는 2~3주에 한 번씩 산부인과 진료 일정을 잡는다. 34~35주 이후에는 매주 병원에 간다. 이렇게 자주 가야 엄마 몸에 나타난 변화가 정상적으로 3기에 나타나는 증상인지, 임신성 당뇨나 고혈압 같은 합병증인지 의사가 보고 알 수 있다.

담당의사는 출산이 가까워지면서 불안해하는 임신부를 위해 도움이 되는 조언을 해주고 출산과 관련된 잘못된 상식들에 대해서 알려준다. 다음은 이 시기에 병원에서 하는 검사들이다.

- 체중 체크
- 혈압 측정
- 소변 검사
- 발목과 손의 부기 확인
- 아기의 심장박동 확인
- 아기의 성장을 체크하기 위한 자궁 기저부 위치 확인

몇 가지 부가적인 검사

이 시기에는 몇 가지 부가적인 검사가 이루어진다. 이 검사들이 결승 지점에 도달하기 전의 마지막 코스라는 것을 알려주는 신호다.

자궁경부 검사 | 35주부터 엄마의 자궁경부가 출산준비를 마쳤는지 검사한다. 임신 초기에는 단단하고 원기둥 모양이었던 자궁경부는 3기가 되면 아기가 커지고 자궁수축이 시작되면서 모양이 변한다. 담당의사는 여러 가지를 체크한다.

- 자궁경부에서 통하는 좁은 길이 넓어졌는지 확인한다.
- 자궁경부가 얇아졌는지 본다. 평상시에는 두께가 4cm 정도 되는데 진통이 시작되면 종잇장처럼 얇아진다.
- 태아 하강도를 확인한다. 이는 아기가 골반 내에서 어떤 위치에 있는지를 알려주는 지표다. 아기는 원래 골반에서 높은 위치(-, 마이너스)에 있다가 진통이 시작돼 자궁이 수축하면 아래로 내려온다(+, 플러스). '태아 하강도 +3'이라고 하면 아기가 질 입구에 위치했다는 뜻이다.

이 검사를 통해 평상시 느껴지는 아랫배 통증과 조이는 증상을 자궁경부의 상태와 연결 지어 생각할 수 있다.

검사 후에 의사가 자궁경부가 확장되거나 부드러워지지 않았다고 말해도 언제든지 상황이 갑자기 바뀔 수 있다는 사실을 명심한다.

태동 검사 | 의사는 아기가 얼마나 움직이는지 물어보고 태동 검사를 하기도 한다. 아기가 많이 움직인다는 것은 좋은 신호다. 산소와 영양소가 충분할 때

아기가 활동적이기 때문이다.

의사가 아기의 움직임을 체크해보라고 하면, 한 시간에 열 번 이상씩, 하루 두 차례 움직이는지 횟수를 세어본다.

1 뱃속 아기도 신생아와 마찬가지로 잠자는 시간이 있다. 식후나 엄마가 잠자 리에 들기 직전에 아기가 주로 깨어 있으므로 이 시간을 이용해서 움직이는 횟수를 잰다.

2 편안하게 자리에 누운 채 배 위에 손을 올려놓는다.

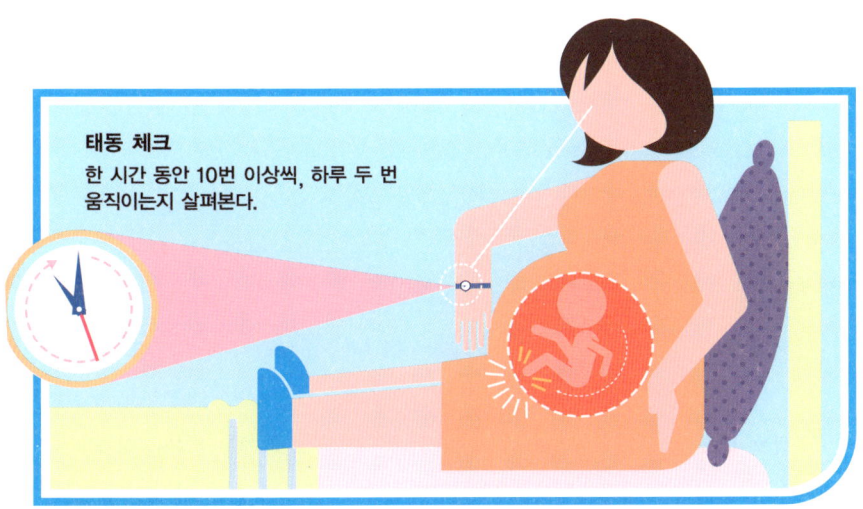

태동 체크
한 시간 동안 10번 이상씩, 하루 두 번
움직이는지 살펴본다.

3 움직이는 횟수를 세기 시작한다. 아기가 열 번 움직이면 시간이 아직 5분밖에 지났더라도 중단한다. 배가 많이 부르고 아기가 골반 아래쪽으로 내려올수록 움직임을 눈치채기 어렵다. 이때쯤 되면 몸을 뒤집는 움직임은 적어지고 자세를 바꾸거나 몸을 꼬는 움직임이 느껴진다.

4 한 시간 동안 움직임이 열 번이 안 되거나 아예 움직임이 없다면 의사와 상의한다.

임신 3기에 생길 수 있는 합병증

엄마의 몸이 임신에 따르는 부담을 견디지 못해 합병증이 나타나는 경우가 있다.

고혈압·임신중독증 | 고혈압이나 임신중독증일 경우 신장에 부담이 가고 아기에게 가는 혈액이 줄어든다. 이 증상은 20주 이후에 나타난다. 고혈압이 생기면 몸이 붓고, 체중이 갑자기 늘며, 소변에 단백질이 섞여 나오는 등의 증상을 보인다. 안정을 취하면서 혈압을 낮추는 치료가 필요하다.

조산 | 37주 이전에 분만을 하면 조산으로 본다. 아기가 엄마 자궁 속에서 보내는 하루하루는 매우 소중한 시간이다. 너무 이른 시기에 분만이 시작되면 의사는 그 과정을 지연시킨다. 첫 번째로 시도하는 방법은 누워서 쉬게 하는 것이다. 자궁수축억제제를 처방해 근육을 이완시킴으로써 출산으로 진행되는 것을 막는다. 어떤 방법을 써도 아기가 34주 이전에 나온다면 아기의 폐가 빠르게 성숙하도록 스테로이드제를 사용한다.

임신성 당뇨 | 호르몬 때문에 인슐린의 효과가 떨어지고 혈당이 높아지기도 한다. 이 증상은 출산 후에는 사라지므로 그때까지 운동과 식이요법으로 잘 조절한다. 이 방법으로 증상이 나아지지 않는 경우에는 의사가 인슐린을 처방한다. 임신성 당뇨를 치료하지 않고 그대로 두면 아기가 너무 커져서 분만이 어렵다. 물론 난산이 되면 아기 건강에도 해롭다.

이 시기에 이루어지는 검사

GBS(group B streptococcus; B군 연쇄상구균) 검사(35~36주) | 이 검사는 반드시 해야 한다. 신생아 전문 소아과 의사들에 따르면 신생아 감염(폐렴 · 뇌막염 · 패혈증) 중 상당수가 GBS 때문에 일어난다. 여성의 약 25%가 질이나 직장에 이 세균을 갖고 있다. 이것은 정상적으로 증식하는 세균으로 성병은 아니다.

검사 결과 GBS가 발견되면 항생제 치료를 하지만 세균이 많이 모여 있을 경우에는 약이 잘 듣지 않는다. 이때는 아기가 산도를 지나는 동안 세균에 오염되지 않도록 분만과정에서 정맥주사로 항생제를 맞아야 한다. 제왕절개를 하는 경우에는 걱정하지 않아도 된다.

 의사의 한마디

엄마가 GBS 치료를 받지 않아도 아기에게 나쁜 영향이 갈 가능성이 적다. 문제가 생길 가능성이 낮아도 이를 막기 위해 적당한 치료를 하는 것이 좋다.

무자극 검사(NST ; non stress test) | 이 검사는 당뇨나 고혈압, 천식 같은 만

성질환 등 예비엄마가 가진 질환 유무와 아기가 제대로 자라지 못하지는 않는지, 양수에 문제는 없는지, 아기가 잘 움직이는지 등을 알아보기 위해서 하는 것이다.

아기가 잘 반응하는지 보기 위해 심장박동과 자궁 내 움직임을 모니터한다. 하지만 검사시간 내내 태아가 푹 잠을 자면 검사를 다시 해야 한다. 아기가 잠자는 동안은 검사에 잘 반응하지 않기 때문이다. 갓 태어난 아기들과 마찬가지로 뱃속 아기들도 자기의 생체리듬에 맞춰 잠을 잔다. 이 검사를 할 때 아기가 제대로 반응하지 않는 일은 흔하다. 아기가 잘못돼 그런 것이 아니니 걱정할 필요는 없다.

가끔 검사를 위해 간호사가 청각 자극장치(알람시계같이 시끄러운 장치)를 이용해 아기를 깨우기도 한다. 그래도 아기가 계속 반응이 없다면 나중에 다시 검사한다. 검사는 다음의 과정을 통해 이루어진다.

1 편안한 의자에 앉아 배에 전극을 붙인다.

2 전극은 아기 심장을 모니터하는 장치에 연결돼 있다. 이 장치는 아기 심박을 측정해 종이에 기록하는데, 나중에 의사가 이 자료를 보고 평가한다.

3 20분 동안 그대로 앉은 채 조용하고 편안하게 아기의 심장소리를 듣는다. 이때 읽을 책이나 잡지 등을 준비해 가도 좋다. 판독기에 어떤 그림이 나오는지 보려고 신경을 쓰면 심장박동이 증가하므로 신경을 다른 곳으로 돌리는 편이 낫다.

4 검사지를 봐서 아기가 자는 것 같으면 검사실에서 배에 자명종 소리가 나는 청각 자극장치를 대서 아기를 깨운다.

5 충분히 검사를 했다 싶으면 임신부를 일으키고 장치를 제거한다.

6 20분 내에 아기의 심장박동이 빨라지는 구간이 두 번 있어야 한다. 한 번당 아기의 기초 속도보다 15회가 증가하고, 이 구간이 15초 동안 지속되는 것이 정상이다. 이렇게 심장박동이 변하는 구간이 있어야 아기의 중추신경계가 제대로 작동한다는 신호다.

7 아기의 반응이 정상이면, 즉 심장박동이 정상적인 가속 구간이 있으면 검사를 마친다. 그러나 아기의 반응이 정상적이지 않더라도 아기가 잘못되었다는 뜻은 아니다. 아기가 잠을 자서 그럴 수도 있으므로 이때는 태아 심박동 검사(의사가 아기의 근육 움직임, 호흡, 양수의 양 등을 자세히 확인하는 초음파 검사)라는 정밀 검사를 추가로 받기도 한다.

아기 몸이 거의 만들어졌어요

이때쯤 되면 임신 전에는 몸이 어땠는지조차 기억나지 않는다. 임신 초기에는 불편했던 것들이 익숙해진 상태다. 하지만 이제부터는 이런 증상들이 더 심해지므로 마음의 준비를 해둔다. 속쓰림이나 피로, 변비, 튼살, 치질, 코골이 등이 점점 심해진다. 자궁은 점점 커져 다른 장기들을 누르고 밀어낸다는 사실을 기억하자. 자궁이 늘어나 대장, 방광, 폐, 위, 정맥, 신경을 누르기 시작한다. 숙면을 취하기가 그만큼 더 어려워진다.

출산하는 날까지 일상생활을 정상적으로 하는 산모들도 있지만, 이 시기가 되면 제대로 거동하기조차 힘들다는 이들이 많다. 아기가 자궁 안에서 자리 잡은 자세에 따라 많은 차이가 있다. 하루 중 대부분의 시간을 누워서 지낸다고 걱정할 필요는 없다.

 의사의 한마디

이 시기의 예비엄마들은 하루는 몸이 무척 가벼웠다가 다음 날은 견디기 힘들어지는 일이 반복된다. 하루는 좌골신경통이 다리 뒤쪽을 타고 나타나 찌르듯이 아팠다가 다음 날은 갈비뼈가 쑤시기도 한다.

지금까지 특별히 아픈 적이 없는 젊은 엄마들에게는 이런 증상이 매우 불편하고 괴롭다. 하지만 단순히 몸의 변화만이 아니라 몸의 작은 이상이 삶에 얼마나 큰 영향을 주며, 마음대로 되지 않는 것도 있다는 것을 알 수 있게 된다. 이런 경험이 더 좋은 부모를 만든다.

다음은 이 시기의 임신부들을 불편하게 만드는 증상들이다.

- 부종(특히 손발의 부종)
- 인대의 통증
- 무게중심 이동으로 자꾸 넘어지는 행동
- 복근 분리 : 자궁이 커지면서 복부근육들이 중간에서 갈라져 아기에게 필요한 공간이 생긴다. 이런 과정을 느끼지는 못하지만 허리를 반듯하게 세우고 앉아서 살펴보면 몸 중간에 예전엔 없던 것이 볼록 튀어나온 것을 볼 수 있다. 아기를 낳고 6개월 후면 근육이 원래 형태로 돌아가 이런 증상도 사라진다.

- 전반적인 불편 : 신경이 예민해지고 자주 우울해진다. 그도 그럴 것이 잠을 제대로 못 자고, 발목과 발은 붓고, 조금만 먹어도 속이 아프고, 호흡은 가빠지기 때문이다. 또한 허리는 아프고, 소변이 자주 새고, 질 부위의 압력이 올라가고 분비물이 늘어나면서 불편해진다.

이 시기에 생각해야 하는 것들

아기가 나오기 직전의 이 시기에 미리 조사해둬야 하는 것들이 있다. 출산 전까지 서둘러 준비할 것도 있고 어린이집이나 베이비시터, 소아과 등 천천히 시간을 두고 골라도 되는 것들도 있다.

아기 이름

아기 이름을 지을 때는 문화·지역적인 요소나 종교·가족 특성 등이 영향을 미친다. 개인적인 이유도, 지극히 주관적인 요소도 들어간다. 하지만 한 가지! 마음속으로 생각해놓은 아기 이름은 다른 사람들에게 이야기하지 않는 게 좋다. 대부분의 사람들은 진심을 담아 잘 되라는 의미로 그 이름에 대한 이런저런 의견을 이야기한다.

하지만 다른 사람들의 의견 때문에 마음을 바꾸지는 않는 것이 좋다. 사람들이 아기 이름을 정했는지 물을 때는 "아기가 태어나면 알려 드릴게요" 또는 "아직 못 정했어요"라고 이야기하는 편이 낫다.

소아과 고르기

신뢰가 가는 소아과 의사를 고르는 일은 매우 중요하다. 산부인과를 고를 때처럼 여러 가지를 고려해서 신중하게 선택한다.

다니는 산부인과 병원의 의사나 먼저 아기를 낳은 친구, 주변사람에게 좋은 의사를 추천해달라고 한다. 의사의 어떤 점이 좋은지도 물어본다.

추천받은 병원 중에서 마음에 드는 곳이 있다면 되도록 출산 전에 병원에 한번 가보는 것이 좋다. 아기를 낳은 후 진짜로 소아과에 갈 일이 생겼을 때 어떻게 대처해야 할지 미리 생각해볼 수 있다. 소아과를 찾은 부모들의 표정이 만족스러운지, 병원 진료가 효율적으로 이루어지는지, 간호사나 접수를 보는 직원들은 친절한지, 시설이 청결한지, 환자로부터 감염 위험은 없는 병원인지 등을 꼼꼼히 살핀다. 소아과를 찾은 다른 보호자들과 이야기를 나누면서 병원에 대한 의견을 들어보는 것도 좋다. 다음의 부분은 의사나 간호사, 병원 직원에게 물어본다.

- 아이가 아플 때 얼마나 빨리 약속이 잡히나요?
- 전화해달라고 메시지를 남기면 얼마 만에 통화가 가능한가요?
- 24시간 전화상담 서비스가 가능한가요?
- 휴일 진료가 가능한가요?
- 협력병원이 있나요?
- MMR 예방주사의 위험성에 대해서는 어떻게 생각하세요? MMR 접종이 자폐를 일으킨다는 의견도 있던데요?
- 늦되는 아이는 어떻게 해야 할까요? 얼마나 늦으면 걱정을 하고 손을 써야 하나요? ← 이 대답을 통해 소아과 의사가 정상 발달의 평균치보다 뒤처진 아이를 얼마나 적극적으로 치료하는지 알 수 있다.

소아과를 결정하면 아기를 낳을 산부인과에 미리 소아과 병원과 의사 이름을 말해둔다.

 의사의 한마디

이때 완전히 결정을 할 필요는 없다. 방문한 병원이나 의사가 마음에 들지 않는다면 더 알아본다. 의사와 환자 사이에도 궁합이 있으니 시간이 걸리더라도 마음에 드는 소아과 의사를 만나는 것이 좋다.

기타 전문가

소아과 의사를 정했다면 그밖에 다른 전문가들의 도움이 더 필요한지 생각해 본다. 예를 들어 아기를 집에 데려왔을 때 도움이 필요하다면 산모도우미를 미리 구한다. 몇 개월 쉬고 나서 복직해야 한다면 베이비시터나 어린이집을 알아봐야 한다. 직접 아기를 키운다면 2주에 한 번 정도 집안일을 도와줄 가사도우미를 구한다.

이때도 산부인과와 소아과를 찾을 때처럼 여러 가지를 고려해서 결정한다. 주변의 추천을 받고, 인터넷 육아관련 카페나 블로그 등을 통해 정보를 얻는 것도 좋다. 마음에 드는 베이비시터가 있으면 직접 만나보고, 어린이집에도 가본다.

어린이집 고르기

마음에 드는 어린이집을 찾을 때도 아기를 먼저 낳은 친구나 가족, 이웃에게 정보를 구한다.

출산 후 몸조리 기간에는 특별히 도와줄 사람이 없다면 미리 산모도우미를 구한다. 갓난아기를 돌보면서 집안일을 해준다.

- 어린이집에 대한 정보를 모은다.
- 마음에 드는 어린이집에 전화로 확인을 하고 방문한다. 예약 없이 불쑥 찾아가면 평상시 모습을 더 잘 볼 수 있다.
- 어린이집에 대해 이야기해줄 보호자를 추천받는다.
- 어린이집의 규정과 하루 일과, 선생님 한 명이 지도하는 아이의 수, 교육 프로그램, 출입이 가능한 사람, 선생님들의 교육적 배경을 물어본다. 또한 모든 직원들에 대해 제대로 파악하고 있는지, 아픈 아이는 어떻게 하는지, 나을 때까지 아이가 얼마나 어린이집에 나오면 안 되는지, 아이들끼리 싸우면 어떻게 하는지에 대해서도 확인한다.
- 어린이집이 청결하고 안전한지, 분위기는 얼마나 유쾌하고 잘 정돈되어 있는지 살핀다.

어린이집은
안전하면서도 쾌적하고,
잘 정돈된 곳으로
고른다.

출산이 다가온다

출산시기가 다가오면 예비엄마의 몸에 여러 가지 변화가 일어난다. 사람마다 정도는 다르지만 다음과 같은 증상을 느낀다. 물론 전혀 느끼지 못하는 예비 엄마들도 있다.

가진통(브랙스턴 힉스 수축) | 가진통은 자궁근육이 수축하는 증상으로, 임신 초기부터 나타나지만 잘 느끼지 못할 뿐이다. 자궁 전체에 꽉 죄는 느낌이 있고 지속시간은 짧으며 통증은 없다. 가끔 여러 번 반복되지만 진진통과는 달리 금방 멈춘다. 출산이 가까워오면 가진통이 나타나면서 자궁경부가 열리게 된다.

 의사의 한마디

임신부들은 가진통과 실제 진통을 구분하지 못한다. 3기에 엄마가 많이 움직이거나 몸속의 수분이 부족하면 가진통이 자주, 그리고 강하게 온다.
배가 당기면 시원한 곳에 편한 자세로 앉거나 눕는다. 그런 다음 다리를 올리고 수분을 섭취한 후에 쉰다.
만약 진통 간격이 길어지고 통증이 줄어들면 가진통이다. 그러나 진통이 점점 자주 오고 더 아파지면, 특히 5분 간격으로 온다면 진통이 시작된 것이므로 바로 병원으로 간다. "배가 아파요"라고 말하고 출산하는 사람은 아무도 없다. 엄마가 걷지도 말하지도 못할 정도로 아파야 아기가 산도를 통해 나와 세상 빛을 보는 것이다.

자궁경부 확장과 소실 | 자궁경부를 크고 두툼한 베이글에 비유하면 이해가 쉽다. 출산을 앞두면 베이글이 얇게 눌려 퍼진다. 이 확장과 소실 과정은 몇

주에 걸쳐 일어나기도 하고 하루, 또는 몇 시간 만에 일어나기도 한다. 평균 시간이라는 것이 없고 길거나 짧다고 좋은 것도 아니다. 출산일이 임박하면 의사가 "2cm 확장되고 1cm 소실되었다"고 알려준다.

태아 하강 | 이제 아기가 더 이상 엄마 뱃속에서 떠다니지 않고 골반에 자리를 잡는 현상이다. 가진통이 아기를 골반 쪽으로 움직이게 한 것이다. 발사 직전에 로켓을 발사대에 올리는 것과 같다.

이 시기는 개인차가 커서 실제 출산이 진행되어야 태아가 내려오기도 한다. 이것은 산모에게 좋을 수도 있고 안 좋을 수도 있다. 먹고 숨쉬기는 훨씬 편해지지만 방광과 골반 인대에 가해지는 압력이 커져서 화장실에 자주 가고, 아기가 아래로 빠질 듯한 느낌 때문에 불편해진다. 의사가 내진을 해보면 아기가 얼마나 내려왔는지 알 수 있다.

아기 방 꾸미기

임신부들은 출산 전에 주변을 깔끔하게 정리하고 아기의 보금자리를 예쁘게 꾸며놓으려는 충동을 느낀다. 임신 3기에는 보통 힘이 빠져 있기 마련인데, 갑자기 기운을 내서 아기를 위해 안락하고 정갈한, 잘 정돈된 환경을 만들어놓으려고 하는 것이다. 이때 많이 하는 일들을 알아보자.

- 페인트칠 하기, 빨래, 아기 방 꾸미기
- 불필요한 물건 버리기
- 물건 체계적으로 정리하기(냉장고 속 음식이나 책, 창고의 각종 공구, 사진 등)
- 집안 대청소, 집안 대소사 마치기

- 아기 옷 구입하거나 얻기
- 음식을 준비해서 냉동실에 얼리기
- 병원에 가져갈 가방 싸기

　물론 이런 충동을 느끼지 못하는 예비엄마들도 있고, 하고 싶은 마음은 있어도 기운이 너무 없거나 게을러서 준비하지 않는 엄마들도 있다.

출산 전에 하고 싶어지는 일들
1 페인트칠 하기
2 빨래하기
3 물건 체계적으로 정리하기
4 음식 준비하기
5 병원에 가져갈 가방 싸기

분만 외에는 아무것도 두려워하지 마라

여성들은 출산의 순간을 두려워한다. 출산예정일이 다가올수록 걱정이 많아지지만 엄마와 아기 모두를 위해서 너무 걱정을 하지 않는 것이 좋다. 다음은 걱정을 줄이는 데 도움이 되는 방법들이다.

1 미리 공부를 한다

담당의사와 간호사, 아이를 낳은 경험이 있는 엄마들에게 자세한 이야기를 들어 분만과정을 잘 알아두면 좋다. 분만은 자연스러운 과정이며 이 과정을 잘 이겨내야 예쁜 아기를 만날 수 있다. 두려움은 새로운 두려움을 낳을 뿐이다. 두려움만 키우기보다는 우리 몸이 출산을 통해 이루려고 하는 것이 소중한 생명의 탄생이라는 사실을 다시 한 번 기억한다.

2 분만실에 함께 들어갈 사람을 정한다

믿을 만한 사람에게 분만을 도와달라고 부탁한다. 가족분만이 가능한 병원이라면 남편을 비롯해 언니, 여동생, 친정엄마, 절친한 친구 등 가까운 사람이 분만실에 들어갈 수 있다. 이들의 도움은 분만실 안에서 긴장과 통증을 잊고 다른 곳에 마음을 돌리는 데 효과가 있다. 담당의사에게 분만실에 몇 명이나 함께 들어갈 수 있는지 미리 물어본다.

3 출산계획을 써본다

'아기를 낳을 때 이렇게 되었으면 좋겠다'는 내용을 글로 적어보면 새로운 힘이 난다. 여기에 무통분만이나 출산을 할 때의 자세 등에 대해서도 구체적으로 적는다. 보호자가 이 기록을 가지고 있다가 아기를 낳기 위해 병원에 갈 때

의료진에게 전해준다. 물론 적은 내용이 다 이루어지지는 않더라도 적어도 미리 생각해본다는 점에서 의미가 있다.

 의사의 한마디

산모가 출산에 대해 어떤 계획을 세우든 괜찮다. 하지만 출산은 무척이나 변화무쌍한 과정을 통해 일어나고, 유난히 오래 진통을 할 수도 있다. 분만 중 순식간에 상황이 돌변하는 경우도 있으므로 아기가 어떻게 출산과정을 견뎌내는지를 가장 중요하게 고려한다.

그렇기 때문에 출산을 할 때는 융통성을 발휘한다. 모든 일이 순조롭게 돌아간다면 별다른 조치 없이 분만이 이루어진다. 하지만 때때로 엄마가 아무리 완벽하게 건강하고, 모든 준비를 잘하고, 지식까지 풍부하더라도 가끔은 의학적인 조치가 필요하거나 제왕절개 수술을 해야 하는 경우도 있다.

분만과정에서는 오로지 한 가지 생각에만 집중한다. 이 순간 가장 중요한 것은 엄마와 아기의 건강이다. 나머지는 모두 부차적인 일이다.

4 분만과정을 상상해본다

분만의 과정을 처음부터 끝까지 모두 예습해본다. 집을 떠나 병원에 가는 것부터 시작해 건강한 아기를 데리고 다시 집에 돌아오는 장면을 떠올려보는 것이다. 차분하고 긴장을 푼 상태에서 분만이 순조롭게 이루어지는 장면을 영화처럼 떠올려보자. 마음속으로 슬그머니 걱정, 두려움이 생기면 이 영상을 처음부터 다시 떠올린다. 처음 세운 출산계획에서 벗어나는 일들이 자꾸 생기더라도 마지막에는 건강한 아기를 가슴에 안고 집에 돌아오는 영상을 다시 만들어 떠올린다.

5 대체요법에 대해 알아본다

입덧이나 진통을 줄이기 위해 한의원이나 한방병원 등에서 침술을 사용할 수 있다. 이런 경우 보통 테이프 침을 많이 쓴다. 적절한 위치에 침을 놓으면 엔도르핀이 분비돼 효과가 있으니 전문가와 상의한다.

자기최면 역시 마음을 진정시키는 데 도움이 된다. 우리 몸이 극도로 자극을 잘 받아들이는 상태에서 최면은 두려움에 초점을 맞춘다. 자기암시와 함께 사용하면 좀 더 자신감이 생기고 두려움이 줄어든다. 자기암시를 할 경우 마음속에 믿음이 생겨날 때까지 같은 구절을 반복한다. '나는 조용하고 안정된 상태에서 건강한 아기를 낳을 거야' 같은 말을 되뇐다. 자기최면이 효과를 보려면 미리 연습해야 한다.

 아빠만 보세요

몸은 아프지 않지만 예비아빠들도 직접 출산하는 예비엄마 못지않은 불안감과 공포를 경험한다. 출산과정은 아내가 지금까지 겪어온 일 중에서 가장 힘든 일처럼 보인다. 미리 책을 읽어 출산과정에 대한 지식을 쌓고 영화, TV 등에서 출산 장면을 미리 봐두면 두려움을 줄일 수 있다.

출산준비 체크리스트

3기에는 순조로운 분만을 위해 마음과 몸의 준비를 해두어야 한다.

- 37주가 되기 전에 가방을 미리 싸놓아 만약의 경우 언제든지 빨리 병원에 갈 수 있도록 한다. 양말과 슬리퍼, 환자복 위에 편하게 입을 수 있는 겉

준비물 목록

1. 양말
2. 슬리퍼
3. 수유용 브라
4. 편하게 입을 수 있는 겉옷
5. 집에 갈 때 입을 외출복
6. 가짜 젖꼭지(필요한 경우)
7. 겉싸개, 속싸개
8. 세면도구
9. 읽을거리
10. 출산 소식을 알릴 이들의 전화번호

병원에 가져갈 짐 꾸리기

옷, 수유용 브라, 집에 돌아올 때 입을 외출복(출산 전에 입던 임신복도 괜찮다), 아기에게 입힐 옷, 겉싸개, 속싸개, 가짜젖꼭지, 세면도구, 읽을거리, 작은 수첩 등을 넣어둔다. 분만한 병원에 입원한 동안에는 환자복을 입는다. 속옷을 준비할 때는 팬티는 출산 후의 오로(출혈) 때문에 쓰는 산모용 패드를 부착할 만큼 넉넉한 크기가 좋다. 예쁜 속옷이나 잠옷을 입는 것은 퇴원 후로 미룬다.

- 그밖에 가져가고 싶은 것은 다른 가방에 담아놓는다. 음악을 휴대폰에 저장해두거나 화장품, 베개, 아로마테라피 도구, 애완동물의 사진, 군것질거리, 자동판매기에 사용할 동전, 디지털 카메라, 동영상 카메라 등 마음을 진정시켜주거나 필요한 물건 등을 준비한다.

- 신생아용 카시트(뒤를 보게 장착할 수 있는 것)를 구입해 차에 장착한다.

- 분만실에 함께 들어갈 사람을 정한다. 분만실에 몇 명이나 데리고 들어갈 수 있는지 확인해 허용 인원보다 많을 때는 번갈아 드나드는 방법을 고려한다.

- 가족, 친구들을 만나는 데 전략을 세운다. 온가족이 병원 대기실에서 기다리길 바라는지, 아기가 태어나고 나서 만나길 원하는지, 조금씩 순차적으로 만나는 게 좋은지 생각해본다.
  안정을 취하고 쉬고 싶을 때 사람들이 갑자기 찾아오면 불편해진다. 분만실에 들일 사람들과 밖에서 기다리게 할 사람들을 확실히 정한다. 이 시간은 산모 본인을 위한 시간이다. 이런 결정에 기분 나빠하는 사람에게는 호르몬 변화 때문으로 설명해 이해를 구한다.

- 분만을 위해 입원할 때는 반드시 연락할 전화번호를 휴대폰에 잘 저장해 갖고 간다. 다른 가족들에게 연락할 동생이나 언니를 고르고, 다른 친구들에

게 소식을 전할 친구를 정한다. 직장에는 가까운 동료를 통해 출산 소식을 전한다.

- 출산계획서(p.133 참고)를 챙긴다. 보호자가 이 내용을 분만할 병원에 전달 하면 병원에서는 예비엄마의 희망사항을 분만과정에 반영하려고 노력한다. 이 글을 통해 전문가들이 산모의 바람을 들어줄 최선의 방법을 찾고 어떻게 산모를 격려할지 파악한다.

출산 축하파티 준비하기

가까운 친구나 가족이 예비엄마를 위해 열어주는 출산 축하파티를 '베이비샤 워'라고 한다. 이 파티를 통해 임신을 축하하고, 엄마에게는 앞으로 엄마라는 역할을 곁에서 도울 친구들이 있음을 알려주는 것이다. 파티 형식은 고상한 티파티부터 왁자지껄한 술판까지 다양하다. 출산 축하파티를 열 계획이라면 친구나 가족과 함께 아래 내용을 점검해보자.

- 엄마가 아직 체력이 남아 있을 때 해야 하므로 출산예정일 한 달이나 두 달 전에 연다.
- 행사 시간은 짧아야 한다. 3기에 접어든 임신부는 예전보다 지구력이 부족 하다. 두 시간 정도가 적당하다.
- 초대장에 받고 싶은 선물 목록을 끼워 보낸다. 부담을 주는 것 같지만 무슨 선물을 준비해야 할지 모르는 이들에게는 오히려 도움이 된다.
- 출산 축하파티에는 원래 여자들만 참석했지만 요즘에는 친구의 배우자나 남자친구들까지 오기도 한다. 하지만 남자들은 두 시간 내내 여자들이 모여

출산 축하파티

1. 적어도 출산예정일 한 달 전으로 날짜를 잡는다.
2. 초대장에 필요한 선물 목록을 끼워 보낸다.
3. 파티 주제에 맞는 음식을 준비한다.
4. 게임과 이긴 사람에게 줄 상품을 준비한다.
5. 파티 시간은 짧게 잡는다.
6. 방명록을 준비한다. 참가하는 이들에게 방명록을 작성하도록 하면 나중에 볼 때마다 좋은 추억이 떠오른다.

조그만 아기 옷을 보며 즐거워하는 데서 뛰쳐나가고 싶어 하는 경우가 많다. 때문에 출산 축하파티는 여자들만 모여서 하는 편이 낫다.

- 파티의 주인공이 초대받은 친구들의 선물을 받기만 하는 것을 부담스러워한다면 발상을 전환해본다. 퀴즈 게임이나 대회를 열어 이긴 사람에게 스파이용권 같은 상품을 주는 것도 좋은 생각이고, 손님들이 돌아갈 때 손에 기념품을 들려 보낼 수도 있다. 기념품으로는 각종 사탕, 작은 화분, 빵, 쿠키 등을 준비해도 좋다.
- 파티의 주제에 맞는 음식을 준비하되 입덧을 하는 예비엄마를 위한 음식도 따로 준비한다. 제산제도 준비해두면 좋다.
- 손님들이 각종 조언이나 즐거웠던 기억, 따뜻한 격려의 말을 적도록 방명록을 준비한다. 나중에 보면 예비엄마나 태어나는 아기에게 훌륭한 선물이 된다.
- 음식을 먹기 전에 즐거운 분위기를 만들어주는 게임을 한다.
- 함께 선물을 열어보는 시간을 갖는다. 선물 목록을 작성하고 선물 준 사람을 기록해서 감사 인사를 하도록 도와주는 사람이 필요하다.

출산 축하파티를 잘 마치려면

출산 축하파티를 하기 싫어도 나중에 돌아보면 좋은 추억이 된다. 게다가 선물도 받으니 즐거운 마음으로 하는 것도 좋다. 주인공인 예비엄마는 어떤 점을 주의해야 할까.

1 파티를 앞두고는 잘 쉰다. 낮잠을 자거나 아침에 늦게까지 잔다. 물론 사람들이 자주 앉아서 쉬더라도 이해하겠지만 구석에 계속 앉아 있으면 재미있

는 이야기를 놓칠 수 있다.

2 편한 신발을 신는다. 아직은 몸이 무겁다는 사실을 잊지 말자. 편하지 않은 신발은 발이 불편해서 오래 견디지 못한다.

3 친한 친구 이름이 갑자기 기억나지 않아도 너무 놀라지 않는다. 임신으로 인한 건망증이 원인이니 대수롭지 않게 넘기도록 한다.

4 음식이 맛있으면 먹어도 좋다. 임신부니까 누구나 이해한다. 다만, 혈당을 잘 유지해야 하므로 음식을 가려 먹고 과식하지 않는다.

5 하기 싫은 일이 있으면 불편한 자리에 계속 있지 말고 화장실에 간다는 핑계를 대고 빠져나온다. 임신부가 되면 화장실에 자주 가기 때문에 사람들도 이해한다.

6 참석한 이들에게 감사의 말을 한다. 한 명도 빠뜨리지 않고 따뜻하게 이야기한다. 아기를 낳고 몸조리를 하는 한동안은 못 만나게 될 이들이 많다.

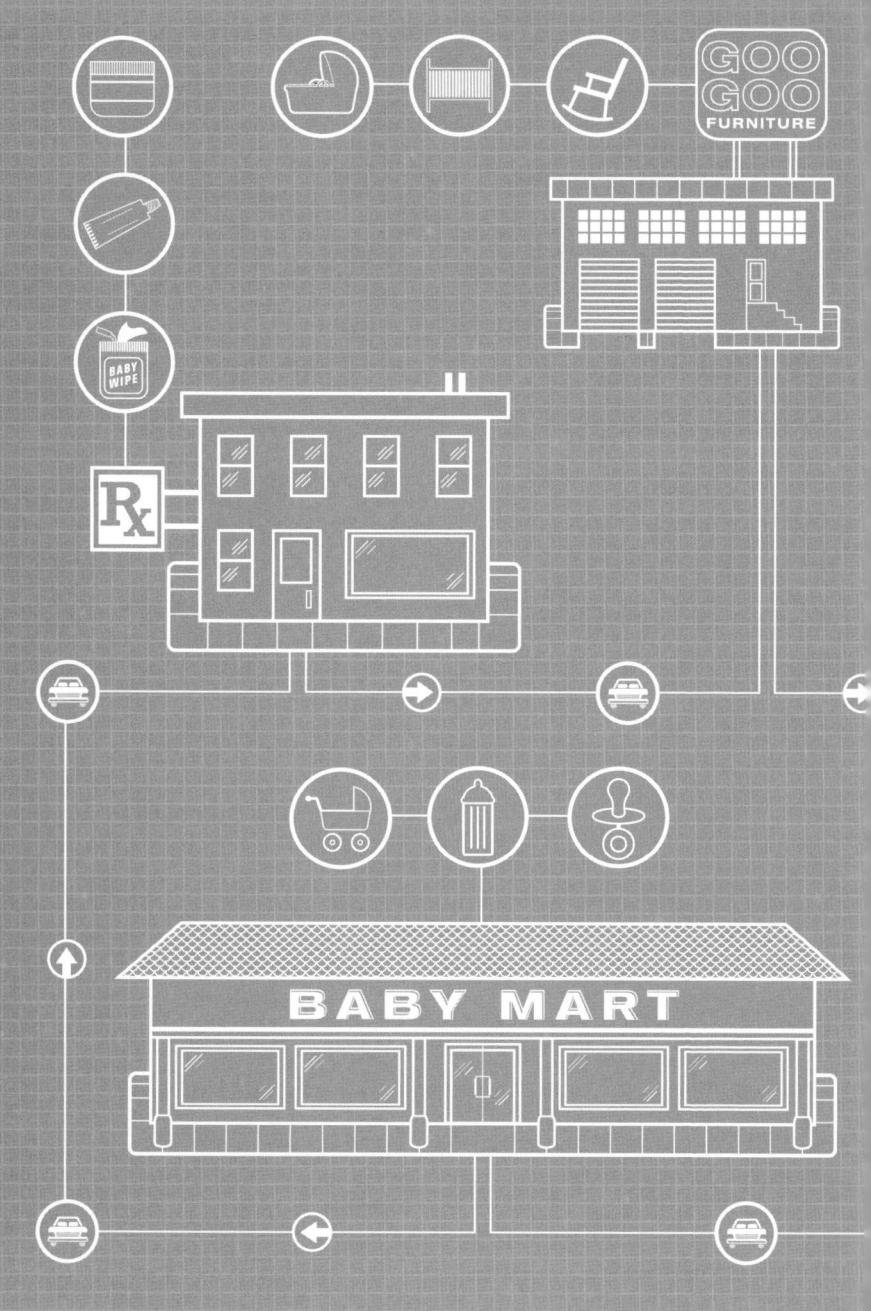

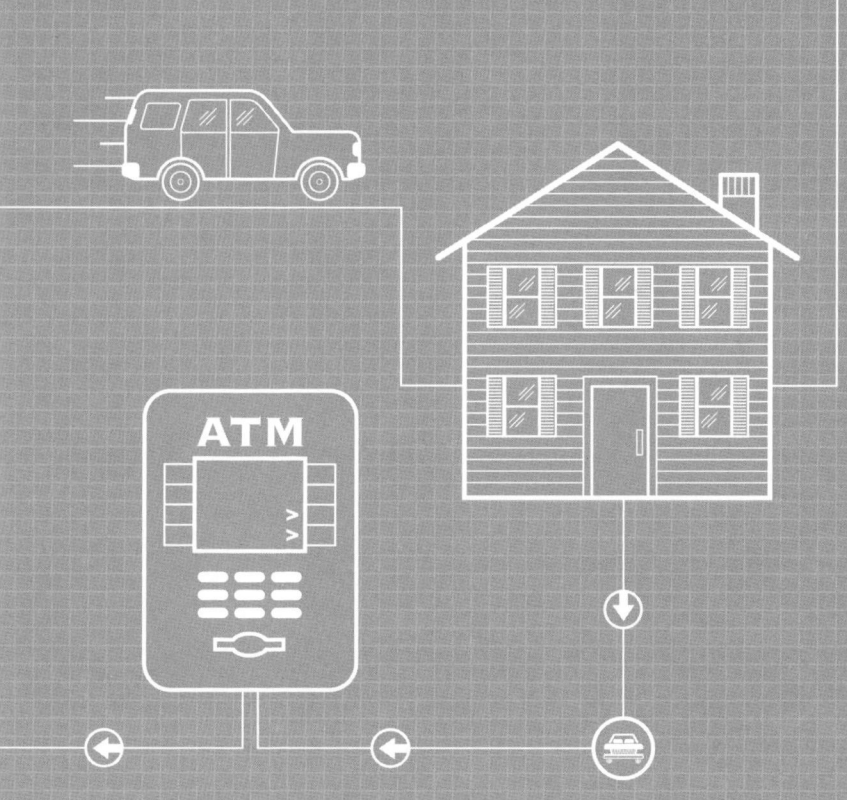

[Chapter 5]

신생아용품과
아기 방

ATM

아기가 태어나기 전에 신생아용품을 모두 사서 아기 방에 넣어두어야 할 것 같지만 사실은 그렇지 않다. 아기를 집에 데려오고 나면 어떤 물건은 자주 필요하고 어떤 것은 거의 필요하지 않다는 것을 알게 된다. 아기가 침을 많이 흘린다면 턱받이 같은 용품은 필수적이다. 하지만 아기가 하루 종일 발싸개가 달린 우주복만 입고 지낸다면 작고 귀여운 양말은 쓸 일이 없다.

아기의 방을 잘 꾸미고 가구도 들여놓고 신생아용품을 종류별로 사놓고 싶다면 사도 좋다. 하지만 실제로 아기는 정말 기본적인 것만 사용하는 경우가 대부분이다. 아기가 커갈수록 돈 들어갈 곳은 많아진다. 조금만 있으면 장난감부터 시작해서 학비까지 많은 돈이 들어간다. 그러니 몇 주만 지나면 못 쓰게 될 신생아용품을 다 살 필요는 없다.

- 꼭 필요한 아기용품은 출산 축하파티 때 받고 싶은 선물 목록에 포함시킨다. 보통 할아버지, 할머니나 가까운 가족들은 유모차 같은 비싼 물건을 사주고 친구들은 더 작은 것을 사준다.
- 그 밖의 물건은 아기를 먼저 낳은 언니나 오빠, 친구, 이웃에게 빌려서 사용하면 좋다. 주변을 둘러보면 깨끗하게 사용했지만 공간만 차지하는 아기 물건이나 옷을 기꺼이 줄 사람이 의외로 많다. 어떤 상표를 사야 할지, 어떤 모델을 골라야 할지, 색깔은 무엇이 좋을지 이미 한 번 고민하고 산 물건들이므로 같은 수고를 덜 수 있어서 좋다.
- 필요한 물건이지만 사기는 아깝고 빌려 쓰기도 어렵다면 중고용품을 취급하는 온·오프라인 판매점에서 저렴하게 구입해도 좋다. 신생아용품은 주로 한두 달밖에 사용하지 않기 때문에 물건 상태가 양호한 경우가 많다.

꼭 필요한 물건

출산 후 병원 문을 나서는 순간부터 꼭 필요한 물건들이다.

- 아기가 집에 올 때 입을 외출복(병원에서 주는 경우도 있다), 모자, 겉싸개
- 신생아용 카시트
- 신생아용 기저귀
- 기저귀 발진 크림
- 물티슈
- 배꼽 소독용 알코올 솜
- 바셀린(기저귀 발진이나 제왕절개 부위에 사용)
- 유축기(모유수유를 하는 경우)
- 수유용 브라와 수유용 패드
- 분유, 젖병, 젖꼭지(분유를 먹이는 경우)
- 가짜젖꼭지(사용하기로 한 경우)
- 체온계

수유와 배변 리듬이 일정해지기 전의 갓난아기는 자주 기저귀를 갈아줘야 한다. 적어도 일주일 정도는 다음의 준비물이 유용하다.

- 앞에서 단추를 잠글 수 있는 상의(머리를 들이밀어 입는 옷보다 편하다)
- 우주복, 롬퍼(우주복과 비슷하지만 윗부분은 민소매, 아래는 쇼트 팬츠로 된 옷)

- 밑에서 열 수 있는 주머니형 우주복(아기를 깨우지 않고 한밤중에 기저귀를 갈 때 편하다)
- 속싸개

아기 방이나 아기가 자는 방에 준비해야 할 가구와 도구들은 다음과 같다.

아기침대 · 아기주머니 | 아기를 부부 침실에 함께 재우려면 아기주머니(보낭), 처음부터 아기 방에서 재우려면 아기침대를 고른다. 물론 부부 침실에 아기침대를 놓을 공간이 있으면 침대를 놔도 좋다.

침대 매트는 방수가 되는 것으로 고르고, 시트는 자주 갈아줄 수 있도록 여러 장 준비하는 것이 좋다. 기저귀를 채워도 아기의 소변이 새서 시트에 묻는 일이 흔하기 때문이다.

기저귀 교환대 | 기저귀 교환대는 보통 기저귀와 아기 옷을 넣는 옷장 윗서랍에 달려 있는 경우가 많다.

기저귀 휴지통 | 냄새가 잘 새지 않는 것으로 준비한다. 아기가 이유식을 먹기 시작하면 냄새가 더욱 지독해진다.

흔들의자 · 흔들침대 | 만일 모유수유를 한다면 도움이 많이 된다. 팔걸이 덕에 수유 자세를 잡기가 편하다. 흔들의자를 고를 때는 팔걸이 높이가 편안한지도 확인한다.

아직은 상상이 안 되겠지만 곧 아기를 목욕시키고 머리 감기는 일도 평생

해온 일인 것처럼 익숙해진다. 초보엄마들은 아기를 어떻게 씻길지 걱정이 많지만, 아기를 씻기는 데 특별한 장비가 필요하지는 않다. 다음의 물건 정도면 충분하다.

- 아기 전용 비누와 샴푸
- 아기용 욕조
- 수건
- 목욕 후 아기를 감쌀 수 있는 큰 수건이나 목욕가운

 의사의 한마디

아기를 씻길 때는 머리부터 발쪽으로 씻긴다. 반대로 하면 안 된다. 발쪽부터 씻기면 병균이 얼굴 쪽으로 전해질 위험이 있다.

카시트로도 사용 가능한 유모차 역시 유용한 용품이다. 차에서는 카시트로 사용하다가 맑은 공기를 마시며 산책하고 싶을 때는 유모차가 되니 일석이조다. 다만, 이런 종류의 유모차는 아기가 6개월이 될 때까지만 사용할 수 있는 경우가 많다. 구입하기 전에 카시트와 유모차의 체중 제한을 확인한다.

필요한 물건 준비하기 : 아기를 낳으면 당장 꼭 필요한 물건과

꼭 필요한 신생아용품

외출복과 속싸개	카시트	신생아용 기저귀	기저귀 발진 크
물티슈	면봉	바셀린	유축기
수유용 브라	젖병	가짜젖꼭지	체온계
앞단추가 달린 내복	우주복	주머니형 내복	겉싸개

나중에 사도 될 물건을 구분해 목록을 적어본다.

기본적인 가구

- ① 기저귀 교환대
- 아기침대
- 기저귀 휴지통
- 흔들의자
- ②

마련하면 좋은 물품

- ① 베이비 모니터
- ② 기저귀 가방
- 젖병 워머
- 아기끈
- 아기띠
- 수유 쿠션
- 트림용 턱받이
- 육아책
- ③ ④ ⑤
- ⑥ ⑦ ⑧

나중에 사도 되는 물건

- ① 휴대용 유모차
- ② 디럭스 유모차
- ③ 유아용 식탁의자
- ④ 보행기
- ⑤ 아기 체육관

있으면 좋은 아기용품

아기용품 판매시장은 매우 큰 규모다. 국내 소비시장의 상당 부분을 차지할 정도다. 하지만 이런 물건들이 정말 다 필요할까? 아기용품 중에서 육아를 훨씬 편하고 즐겁게 만들어주는 것들을 골라 사는 지혜가 필요하다.

트림용 턱받이 | 신생아들은 자주 젖을 토하기 때문에 아기 방에 트림용 턱받이를 두 개 정도 준비해둔다. 기저귀 가방에도 항상 하나 정도 넣어둬야 갑자기 나갈 때 찾지 않는다. 유난히 젖을 자주 토하는 아기라면 턱받이를 방마다 하나씩 두어 급할 때 바로 쓰면 편하다.

베이비 모니터 | 귀여운 아기 소리를 듣는 일은 축복이지만 심하게 보챌 때는 당황스럽다. 아기 방이 엄마 침실과 멀리 떨어져 있다면 베이비 모니터를 준비해서 아기의 상태를 자주 확인하면 좋다. 집안일을 하거나 다른 방에 있을 때 아기가 노는 모습과 우는 소리 등을 모니터를 통해 확인할 수 있는 기기다. 엄마가 젖 먹일 시간을 기억하는 데도 유용하다.

모니터로 잘 살펴 아기가 보채지 않고 편안할 때 엄마도 잠을 좀 잔다. 물론 아기를 곁에 두고 함께 자면 아기의 숨소리, 재채기 소리, 옹알거리는 작은 소리도 모두 빼놓지 않고 들을 수 있다.

젖병 워머(젖병 데우는 도구) | 분유를 먹이거나 혼합수유를 하는 경우에 있으면 편하다. 워머 크기가 사용하는 젖병과 잘 맞는지 확인해서 고른다. 젖병 워머가 없을 때는 수돗물을 따뜻하게 틀고 거기에 젖병을 갖다 대도 비슷한 효

과가 있다.

기저귀 가방 | 기저귀 가방이 없다면 다른 가방을 써도 좋다. 하지만 요즘에는
디자인도 예쁘고 인체공학적인 형태로 설계된 기저귀 가방이 많이 나와 있으
니 하나쯤 준비하면 좋다.

　기저귀 가방 속에 아기에게 필요한 짐을 다 집어넣지 않는 게 좋다. 꼭 필요
한 것만 조금 넣어 들고 다니기 쉽게 챙긴다. 또한 언제든 들고 나갈 수 있도

아빠들이 기저귀 가방을 드는 경우도 있으므로 무난한 디자인이 낫다.

아빠가 들어도 무난한 가방　　　　　아빠가 들기 어려운 가방

록 준비해둔다. 그렇지 않으면 급하게 밖에 나갈 일이 생겼을 때(아기를 진정시키려고 밖에 잠깐 나가거나 급히 병원에 갈 일이 생긴 경우, 약속 시간이 얼마 남지 않은 경우) 집 안을 온통 헤매면서 물티슈, 장난감, 옷 등을 찾아야 한다.

수유 쿠션 | 요즘에는 매우 다양한 디자인의 수유 쿠션이 나온다. 모유수유를 할 생각이라면 하나 마련한다. 수유 자세를 편하게 잡는 데 도움이 된다.

아기띠 | 앞으로 아이를 맬 수 있는 아기띠는 아기도 편하고 엄마도 편하다. 목에 힘이 생겨 아기가 스스로 뒤집고 얼굴을 돌리기 전에도 엄마 얼굴을 계속 바라볼 수 있어서 좋다. 엄마는 손이 자유로워지기 때문에 바쁠 때는 집안일도 할 수 있다. 무게 중심이 오른쪽에 걸리도록 착용해 허리와 등이 아프지 않도록 하는 것이 요령이다.

아기끈 | 슬링은 최소한의 장비와 끈으로 부모와 아기를 연결해준다. 아기 몸무게가 엄마의 어깨와 등에 고루 나눠지기 때문에 허리에 무리가 가지 않는다.

육아책 | 아기를 기르면서 생기는 크고 작은 궁금증을 해결해줄 육아관련 책을 준비한다. 아기를 키우다 보면 궁금한 부분이 많은데, 소아과 의사에게 질문을 하고 답변을 기다리는 동안 볼 만한 책이 있으면 좋다.

아기를 위한 책도 함께 사둔다. 아기를 재울 때 조금씩 읽어주면 좋다. 책을 자주 읽어주면 아기의 어휘가 늘고 아기가 몇 살이든 책을 읽어주는 일은 엄마와 아기 모두에게 행복한 느낌을 준다.

휴대용 아기침대 | 요즘 나오는 아기침대들은 잘 접으면 매우 작아지고 무게도 가벼운 것이 많다. 휴대용 침대는 집안에서도 들고 다니면서 아기를 잠깐 눕힐 수 있고, 기저귀 교환대가 달린 모델은 기저귀도 편하게 갈 수 있다.

나중에 사도 되는 물건

아기 물건을 파는 사람들이 꼭 필요하다고 하더라도 아기가 태어나기 전에 아기 물건을 모두 살 필요는 없다. 좀 더 기다렸다가 무엇이 진짜 필요한지 살펴본 후에 사도 늦지 않는다. 물론 그 물건이 필요한 시점이 되면 아기에게 무엇이 더 잘 맞는지도 쉽게 알 수 있다.

나중에 사도 되는 물건들은 다음과 같다.

휴대용 유모차 | 휴대용 유모차는 매우 가볍고 쉽게 접혀서 보관이 쉽다. 자동차 트렁크는 물론 비행기에도 가지고 다닐 수 있다. 하지만 목근육이 덜 발달된 6개월 이전의 아기에게는 적합하지 않다.

디럭스 유모차 | 유모차 겸용 카시트를 쓰기에 아기가 너무 커버리면 나머지 기간 동안 사용할 유모차를 고른다. 시골길인지 도시의 포장도로인지 주로 다니는 곳을 고려해 여러 가지 조건에 맞는 유모차를 고른다.

유아용 식탁의자 | 아기가 고형식을 먹고 스스로 반듯하게 앉을 수 있을 때 필요하다. 무엇보다 안전이 중요하므로 5점식 벨트로 아기를 잘 묶어주는지 확인하고, 흔들어도 옆으로 쓰러지지 않는 것으로 고른다.

다음으로 닦기 편한지도 살펴야 한다. 쉽게 잘 닦이는 것으로 구입해야 깨끗하게 오래 쓴다. 아기가 식탁의자에 음료를 쏟거나 이유식을 흘리기도 하고, 아기의 토사물이나 침, 기저귀에서 샌 대소변 등이 묻는 경우가 흔하다.

보행기 | 아기에게 걸음을 익히게 하려고 태우는 아기용품이다. 요즘은 장난감과 음악상자가 달려 있는 제품이 많다. 보행기를 이용해 엄마와 아빠가 잠깐 아기를 품에서 내려놓을 수 있다. 엄마와 떨어져 앉으므로 아기가 보는 세상을 잠시 바꿔주는 역할도 한다.

아기체육관 · 쏘서 · 스윙 · 점퍼 | 아기체육관의 경우 아기가 어릴 때는 누워서 조금 크면 앉거나 서서 가지고 놀 수 있도록 여러 가지 완구가 달려 있다. 쏘서는 앉아서 장난감을 만지며 놀 수 있게 만든 것이고 스윙은 아기용 그네와 비슷하다. 점퍼는 양쪽에 스프링이 있어서 노래를 들으며 통통 뛰면서 놀 수 있는 용품이다. 이 제품들은 아기 관심을 끌면서도 아기를 안전하게 보호해준다. 반드시 제품설명서에 따라 안전하게 설치한다.

아빠만 보세요

아빠가 참고할 만한 몇 가지 사항은 다음과 같다.

- 아기침대나 기저귀 교환대를 조립할 때는 친구들을 불러 함께 해도 좋다. 이 일로 가까워질 겸 맥주와 안주거리를 좀 사서 아기침대 부속품과 씨름해보자. 평소 물건을 조립하는 데 워낙 재주가 없다면 안주를 조금씩만 내오면서, 안주를 더 가져온다는 핑계를 대고 자주 피해 나오는 것도 요령이다.
- 아내에게 미리 말해서 기저귀 가방은 무난한 디자인으로 고르도록 한다. 너무 여성스럽거나 화려한 것, 아기자기한 가방은 아빠가 들기에는 부담스럽다. 남편에게 기저귀 가방을 나눠 들게 하고 싶은 엄마라면 남성스러운 디자인을 고르는 것이 나을 수도 있다.
- 카시트를 안전하게 제대로 장착해야 한다. 설치 후에는 제대로 설치되었는지, 안전에 문제는 없는지 다시 확인한다.
- 회사에 갔는데 옷주머니 속에 가짜젖꼭지가 들어 있는 걸 발견할 날이 얼마 남지 않았다.

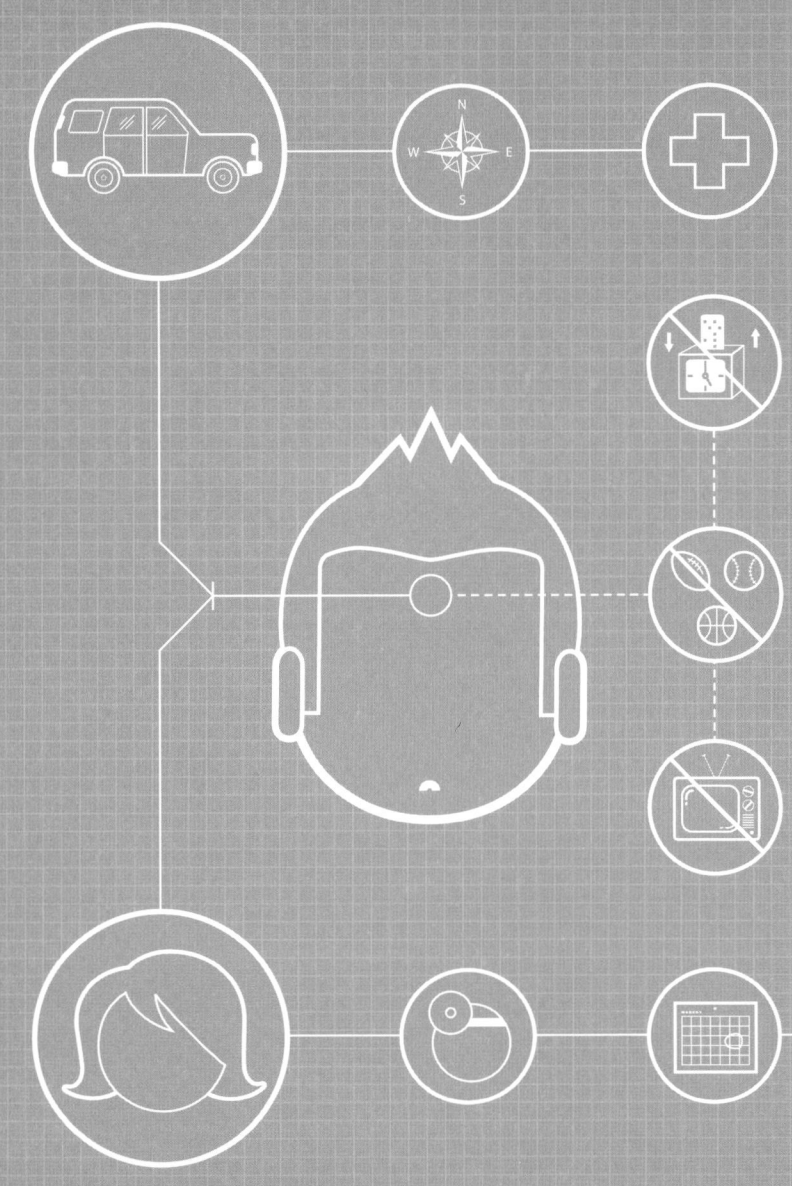

Chapter 6

예비아빠들이
알아야 해요

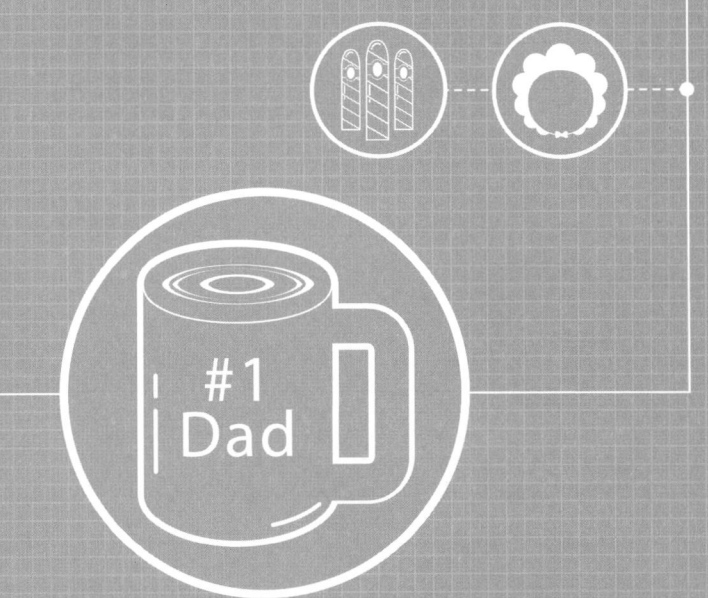

#1
Dad

아기가 생기면 엄마만 스트레스를 받는 게 아니다. 아빠 역시 삶 전체에 영향을 받는다. 가장 크게 달라지는 것은 더 이상 아내에게 어리광을 부릴 수 없고 가족을 위해 불평 없이 모든 일을 해결하는 전사가 되라는 무언의 압박을 받는다는 사실이다. 하지만 남자도 아빠라는 역할을 받아들이는 데 감정적인 변화를 겪고, 가끔은 몸에도 그런 증상이 나타난다.

아빠가 된다는 사실 받아들이기

남자들은 아내가 임신해서 나타나는 여러 가지 변화를 목격하면서 상당히 혼란스러워한다. 임신한 아내가 불안해하고, 어떨 때는 감정의 기복이 심해서 이상스럽게 붕붕 떠다니고, 조용한가 싶으면 화장실로 뛰어가 토하는 모습을 제3자의 입장에서 바라보게 된다. 하지만 남자들은 집안에서 일어나는 이런 새로운 상황을 자신만의 방법으로 받아들인다.

반감 | 임신은 아름답고 숭고한 것이지만 어떤 남자들은 아내에게 일어나는 변화를 마땅찮게 여긴다. 아기가 발로 찰 때마다 아내 배가 움직이는 모습을 보고 아름다운 자연의 기적이라고 생각하는 게 아니라 공포영화의 한 장면 같다고 여기는 사람도 있다. 소변이 찔끔찔끔 새고, 숨소리도 거칠고, 방귀를 자주 뀌고, 신경질만 내고, 자꾸 배고프다고 보채고, 코까지 드르렁드르렁 고는 뚱뚱한 여자가 옆에 누워 있다는 사실이 즐겁지 않다고 말하는 남편도 있다.

하지만 잠깐만 마음을 돌려 자신의 감정을 그대로 받아들이자. 아내에게 이런 불만을 이야기하는 것은 절대 금물이다. 그런 다음 아기를 낳고 나면 아내가 원래 모습으로 돌아가거나 더 멋진 모습이 될 수 있다는 사실을 떠올려보

라. 아내는 사랑스런 당신 아이의 엄마가 될 사람이다. 출산 후 아내가 더 멋있게 변하는 경우도 얼마든지 있다.

부양자가 된다는 부담감 | 임신한 아내가 아기 물건을 이것저것 집어들 때면 남편은 소중한 아기를 안는 기쁨의 대가로 어깨가 무거워지는 것을 느낀다. 사실 아기를 기르는 데는 많은 돈이 든다. 주변에서 사야 할 품목을 알려주는 사람도 많다.

아내와 함께 어디에 돈을 쓰고 어디에서 아낄지 상의한다. 그러면 아내의 소비수준을 조절할 수 있고, 돈 문제로 고민하는 사람이 나 혼자가 아니라는 안도감에 마음의 짐이 줄어든다.

직장에 대한 고민 | 엄마와 아빠 모두에게 해당된다. 아기가 생기면 인생이 많이 달라진다.

- 아내가 직장을 그만 두고 전업주부가 되고 싶어 할 수 있다.
- 아내가 파트타임으로 일을 하거나 장기간 육아휴직을 할 수 있다.
- 배우자가 일을 통해 얻고자 하는 것이 무엇인지 긴 안목에서 상의한다.
- 현재 부부 두 사람 모두 풀타임 직장에 다니고 있다면 둘 중 한 명이 그만 두는 경우 경제적인 문제에 대해 다시 한 번 따져본다. 어린이집이나 종일제 베이비시터에게 드는 비용으로 월급 대부분이 들어갈 수도 있다.
- 시간을 따로 내서 자신의 꿈도 이루고, 아이들도 잘 키우고, 직장에서도 성공을 거두고, 경제적으로도 풍요로워지는 방법을 찾아본다.
- 향후 5년에 대한 계획을 세워보면 도움이 된다.

경제적인 부담 | 배우자가 주로 돈을 벌어오는 사람이라면 함께 의견을 나눠보는 편이 좋다.

1 돈 이야기는 부부 모두가 피곤하지 않고 이야기를 할 마음의 준비가 되어 있을 때 해야 한다는 사실을 명심한다.

2 미리 가장 좋은 시간을 정해 그 시간에 의논하기로 약속하면 준비를 해둘 수 있다.

3 언어 선택에 신중해야 한다. 나와 이야기를 나눌 사람은 적이 아니고 내 편이다. 대화를 할 때는 "나는 이렇다"라고 말하면 좋다. 예를 들면 "우리가 항상 가는 여행을 이번에도 가면 아기 물건 살 돈이 부족할까봐 난 걱정돼"라거나 "당신이 우리 아기한테 기둥 네 개짜리 공주침대를 사주고 싶어 하는 건 알아. 그런데 그건 적어도 3년 후는 되어야 쓸 수 있는 거잖아. 나는 처형이 쓰던 아기요람을 얻어 와서 당분간 쓰는 게 좋을 것 같아"처럼 말이다.

4 모든 결정을 급하게 내릴 필요는 없다. 그러나 임신 2기 말이 되기 전까지 생각해봐야 할 문제를 상의해 어떻게 문제를 해결할지 방법을 찾아본다.

쿠바드 증후군(남편의 임신증후군) | 다소 낯선 이 의학용어는 쉽게 말해 남편이 겪는 임신 증상이다. 예비아빠들 중에는 구역질, 체중 증가, 감정의 기복 같은 증상을 경험하는 이들이 있다.

이런 증상은 심리적 원인이나 호르몬의 영향도 있지만 더 간단한 원인 때문

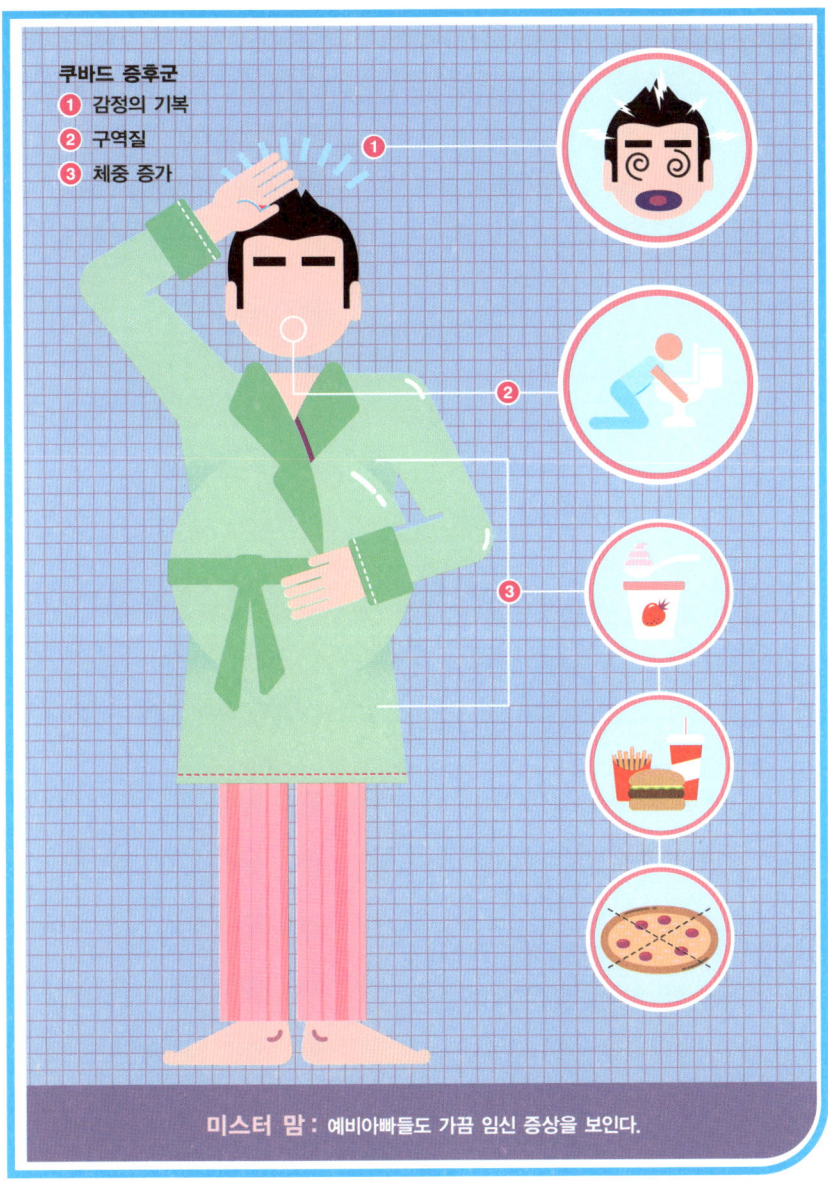

쿠바드 증후군
① 감정의 기복
② 구역질
③ 체중 증가

미스터 맘 : 예비아빠들도 가끔 임신 증상을 보인다.

에 나타나기도 한다. 임신한 아내 때문에 집안에는 음식이 넘쳐나고(아이스크림을 사도 대용량을 산다), 아내의 기분이 나빠지면 그 기분까지 전염된다. 또한 성생활에 적신호가 켜지면서 남편들은 커다란 아이스크림 통을 끌어안고 두뇌의 쾌락 중추를 만족시키려고 한다.

때문에 임신 증상이 나타나면 자신이 지금 어떻게 먹고 지내는지 살펴보는 것이 좋다. 먹고 지내는 것이 불안정하다면 몸을 더 움직이고, 머리를 맑게 하며, 몸의 대사작용을 촉진시키는 것이 바람직하다.

관심받지 못한다는 기분 | 아내가 임신하면 자신은 관심과 보살핌을 받지 못하고 무시당하는 것 같다고 느끼는 남편들이 많다. 아기를 낳기 전부터 이런 느낌으로 서운해하지만, 일단 아기가 태어나 집에 오면 그때는 더 관심 밖의 대상이 된다.

실제로 임신한 아내는 자기와 아기 외에는 아무것에도 관심이 없다. 특히 임신 1기와 3기에 이런 현상이 나타난다. 아내의 관심을 받을 수 있는 기회는 2기뿐이다.

바늘방석에 앉은 기분 | 어느 날 평소엔 관심도 없던 아내가 남편을 쳐다본다면 십중팔구 아내가 짜증이 난 경우다.

"아니, 아직도 쓰레기 안 내다버렸어?"

그럴 때는 맞대응해서 싸우면 안 된다. 아내의 마음을 상하게 하지 않으면서 상황을 모면하는 것이 지혜롭다. 아내는 몸이 불편하고 호르몬의 영향 때문에 기분이 좋지 않은 상황이라는 사실을 기억하자. 아내가 짜증스러워할 때는 다음의 방법이 도움이 된다.

1 진심으로 아내의 고충을 이해하고 배려해 짜증을 줄여준다. 먼저 말하지 않아도 어깨를 주물러주고, 차를 한 잔 타주고, 집안일을 도와주면 아내의 태도도 크게 달라진다. 처음엔 아내가 눈을 가늘게 뜨고 "속셈이 뭐야?"라고 할지 모른다. 하지만 계속해서 아내를 배려하면 진심을 알고 짜증을 덜 낸다.

2 심호흡을 한다. 그러고는 아내에게 "이런 대단하고 어려운 일을 해내는 당신이 얼마나 자랑스러운지 모르겠다"고 말한다. 남편의 말 한마디에 아내는 잔뜩 예민해진 마음이 가라앉는다.

3 아내를 진심으로 대한다. 조금만 비꼬아도 임신한 여자들은 무서울 정도로 금방 알아챈다. 아내들은 기분이 좋지 않을 때 남편에게 위로받을 수 있다는 사실을 깨달으면 연애시절에 느꼈던 사랑의 감정이 되살아난다고 한다.

아기와 보낼 시간 마련하기

언젠가는 고민해야 할 문제가 또 하나 있다. 아기가 태어나고 얼마 동안이나 아기 곁에 머물러야 할까?

퇴원한 아내가 아기를 안고 집에 돌아오면 많은 도움이 필요하다. 초보엄마는 아기와 함께 집에 덩그러니 남겨진다는 사실만으로도 불안을 느낀다. 더군다나 엄마가 제왕절개 수술을 받았다면 남편의 도움이 더 절실히 필요하다.

하지만 남편들은 편하고 익숙한 직장으로 도망쳐버리고 싶은 욕망을 강하게 느낀다. 아내들은 그 사실을 빠르게 감지한다.

이제 새로 엄마가 된 아내 앞에서 회사일 이야기는 입 밖에도 꺼내지 않는 게 좋다. '다음 날 일하러 가야 하니 다른 방에서 밤새 푹 자야겠다'는 생각을 하는 남편이라면 더욱 조심한다. 되도록 일찍 집에 들어오고, 회복되지 않은 몸으로 온종일 아기를 돌본 아내의 수고를 덜어준다.

가능하면 어떻게 아내와 아기에게 도움을 줄 수 있는지 계획을 짜본다. 이때 고려해야 할 사항들이다.

- 회사에서 무급 휴가를 쓰기 전에 병가나 월차를 쓰는 것이 가능한가?
- 회사에서 아빠에게도 출산휴가를 주는지 확인한다. 회사에 따라 휴가기간이 다르고 그 기간 동안 유급인지 무급인지의 여부도 다르다.
- 다른 휴가를 낼 수 있는 대상인지 본다.
- 휴가를 길게 쓰는 다른 방법이 있는가? 예를 들어 몇 달에 걸쳐 월차를 쓰지 않고 모아두었다 쓸 수도 있다.
- 미리 회사와 휴가기간, 업무 인계 등에 상의한다.

아빠의 병원 검진 참여

예비아빠들도 아내의 임신기간에 몇 번 정도는 병원에 함께 가는 것이 좋다.

1 임신 확인 후 처음으로 병원에 가는 날에는 아내와 함께 간다. 앞으로 아내와 아기의 건강을 보살필 의사를 만나고 아기 심장이 뛰는 모습을 초음파로 확인할 수 있다. 아내가 듣고도 잊어버릴지 모르는 중요한 정보를 듣고 기억하는 것도 예비아빠의 몫이다.

알아두세요

중요한 내용을 기록할 펜과 종이를 가져간다. 걱정이 되거나 궁금한 것이 있으면 적어놓았다가 의사에게 물어본다. 종합병원일수록 의사의 진료 시간이 짧은 경우가 많으므로 미리 질문을 준비하는 것이 좋다.

2 보통의 임신부들은 임신 3기 초까지 한 달에 한 번씩 병원에 간다. 처음 병원에 따라가서 아기의 심장소리를 들은 아빠는 언제 또 아기를 볼 수 있는지 궁금해진다. 의사선생님에게 물어보면 보통 12주 때 다시 아기를 보러 오라고 말한다. 이때가 각종 검사를 하는 시기이므로 아내를 따라가 검사에 대한 설명을 함께 듣고 궁금한 점을 물어보면 좋다.

3 아내는 양수 검사 등의 아픈 검사를 해야 할 때 남편이 병원에 따라와 자신의 불안한 마음을 달래주길 원한다. 남편이 곁에 있다는 사실만으로도 마음이 한결 편해진다.

4 19~20주 사이에 하는 정밀초음파 검사 때도 같이 병원에 간다. 의사가 초음파로 아기의 뇌, 신장, 심장, 방광, 척추 등을 하나하나 자세히 관찰한다. 이때쯤 되면 아기의 성별도 정확하게 알 수 있고 손가락을 빨거나 손발을 움직이는 등 움직임이 보인다. 모니터로 아기의 움직임을 확인하는 순간 예비엄마, 예비아빠의 마음은 한없이 벅차오른다.

5 임신 말기가 되어 매주 병원에 갈 때까지 아내를 따라가지 못한 남편들도 있다. 하지만 마지막 병원 진료는 특히 중요하다.

이때 병원에 가면 출산의 기미가 없는지 살펴보고 임신 말기에 자주 나타나는 고혈압, 출혈, 아기의 움직임 저하 등 문제가 나타나지 않는지를 본다. 그동안 바빠서 병원에 따라가지 못했다면 마지막 병원 진료라도 같이 가서 여러 가지 주의사항을 함께 듣는 것이 좋다.

진통이 오기 전에 할 일

진통이 오기 전에 몇 가지 해야 할 일이 있다. 미리 계획을 세워두면 아내가 분만할 때 옆에서 잘 도와주고 응급상황이 생겨도 당황스럽지 않다.

1 출산교실에 참석한다. 물론 아기는 아내가 낳지만 분만과정에서 아내와 아기에게 어떤 일이 일어나는지 알아두면 도움이 된다. 분만에 대한 지식을 쌓으면 아내의 분만을 더 적극적으로 도울 수 있다.

　일단 진통이 시작되면 아내는 오로지 분만에만 집중하게 된다. 그러니 언제 아내를 병원에 데려갈지 결정할 사람은 남편이다. 다음은 진통과 분만과정에서 아내를 도울 수 있는 방법들이다.

- 아내가 진통을 잘 견뎌내도록 자세를 바꾸거나 조금 걸을 수 있도록 도와준다.
- 출산교실에서 호흡법을 같이 배워 분만과정에서 이용한다.
- 마사지를 해주거나 머리를 빗겨주면서 긴장을 풀어준다.
- 아내를 도와 마음이 진정되는 장면들을 떠올리게 하거나 편안한 분위기의 음악을 틀어준다.
- 통증과 긴장감 완화를 위해 샤워를 도와준다.

　아내에게 잘 맞는 방법을 기록해두었다가 분만과정에서 도움을 준다. 어딘가에 써두지 않으면 막상 필요한 순간에 아무 생각이 나지 않아 도움을 못 줄 수도 있다.

2 아내가 분만할 병원을 미리 둘러본다. 어디에서 어떤 과정을 겪게 될지 미리 상상해보는 것이다. 다음은 꼭 알아둬야 하는 장소들이다.

- 출입구
- 야간출입구
- 장기 주차가 가능한 곳
- 대리 주차가 가능한 곳
- 급할 때 아내를 빨리 내려주고 차를 임시로 댈 수 있는 장소
- 응급실 입구

그 밖에도 공중전화, 구내식당, 자동판매기, 산모대기실, 간호사실의 위치 등을 알아두면 좋다. 병원에서 아기가 바뀌지 않도록 어떤 조치를 취하는지도 확인한다. 대개 팔찌와 발찌를 사용한다.

3 병원까지 가는 길을 익혀둔다. 만삭 기간(37주)이 넘어가면 항상 자동차에 기름을 넉넉하게 채워둔다. 미리 병원까지 운전을 해봐서 공사 구간은 없는지, 막히는 구간은 없는지도 파악한다. 차가 많이 밀리거나 도로를 차단하는 경우를 대비해 다른 길을 알아두는 것이 좋다. 고속도로를 이용해야 한다면 고속도로 통행료를 미리 준비한다.

4 큰아이에 대한 계획을 세운다. 병원에 있는 동안 아이를 봐줄 사람을 찾는다. 병원에 아이를 데려갈 생각이 아니라면 가족이나 이웃 등에 큰아이를 봐줄 수 있는지 미리 부탁한다.

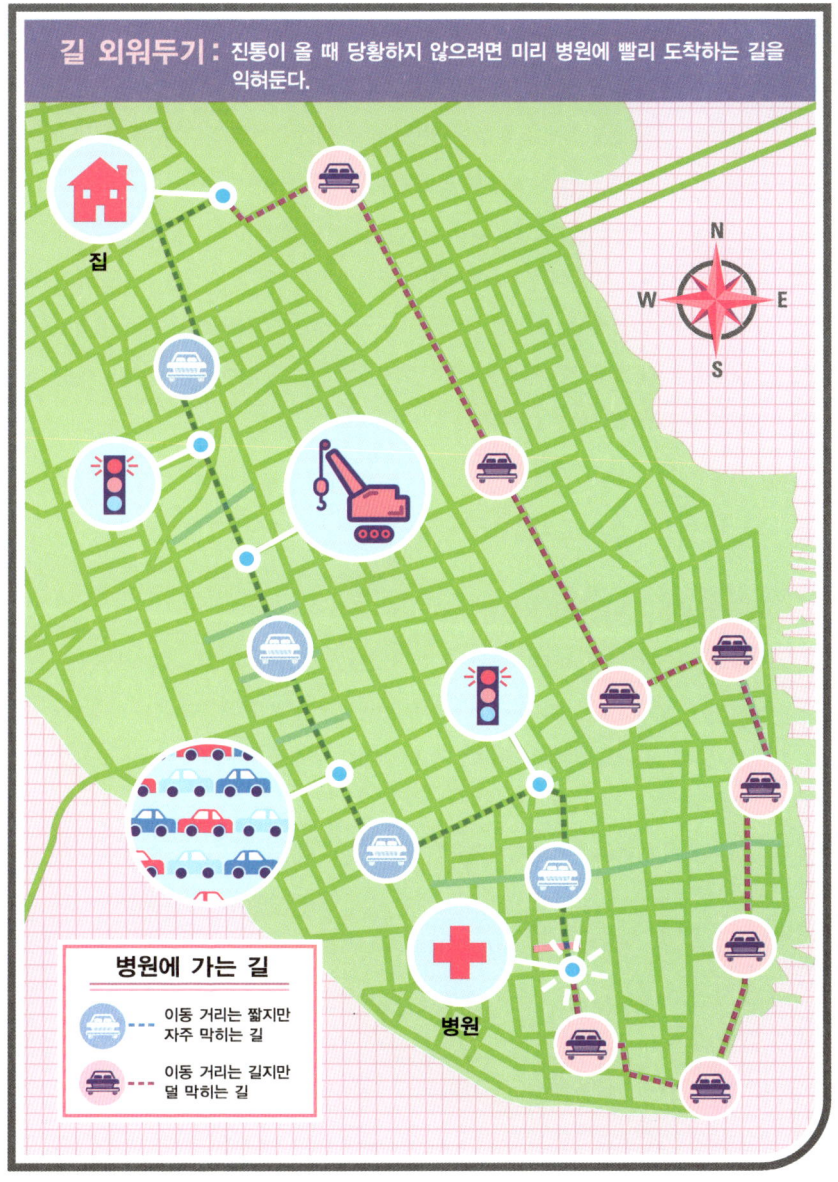

길 외워두기 : 진통이 올 때 당황하지 않으려면 미리 병원에 빨리 도착하는 길을 익혀둔다.

집

N
W   E
S

병원에 가는 길

이동 거리는 짧지만
자주 막히는 길

이동 거리는 길지만
덜 막히는 길

병원

큰아이의 가방도 싸둔다. 아이의 간식거리나 책, 여벌옷, 잠옷 등 아이와 돌봐주는 사람에게 필요한 물품을 넣는다. 이 가방은 언제든 필요할 때 들고 나갈 수 있도록 눈에 잘 보이는 곳에 둔다.

5 병원에 가져갈 가방에 카메라를 챙겨 넣는다. 배터리가 충전됐는지도 확인한다. 만일의 상황을 대비해 폴라로이드 카메라까지 준비하면 좋다. 아기가 태어났을 때 바로 가족사진을 찍고 싶다면 간호사에게 미리 부탁한다. 병원에 따라서는 부탁하지 않아도 가족사진을 찍어주는 곳들도 있다.

분만과정을 잘 도와주는 방법

아내의 분만을 너무 걱정할 필요는 없다. 분만실에서도 의사와 간호사 등이 아내를 잘 도와준다. 수많은 경험으로 단련된 전문가들이므로 초보엄마든 아이를 낳은 적이 있는 엄마든 불편 없이 분만하도록 세심하게 돕는다. 예비아빠는 꼭 그 자리에 있어야 하기는 하지만 어디까지나 주된 역할을 하는 사람은 아니다.

남편들은 대부분 아내가 분만과정에서 겪는 고통 앞에서 다소 소심해져 쭈뼛거린다. 아내는 숨을 헐떡이거나 흐느끼고 땀을 뻘뻘 흘리고 몸을 떨기도 한다. 그래도 당황하지 말고 차분한 마음으로 아내에게 도움이 되는 일을 하려고 노력하자. 다음은 아내를 위해 남편만이 해줄 수 있는 일들이다.

- 아내가 간호사와 마찰이 있을 때 담당 간호사를 바꿔주도록 요청한다.
- 종합병원에서 아기를 낳는 경우 레지던트가 필요 이상으로 내진을 자주 하

면 그만하라고 부탁한다.

- 아내가 아기 낳는 일에만 집중하도록 주변 환경에 신경 쓴다.
- 힘들게 진통하는 아내를 보면서 당황할 수 있지만, 그렇더라도 그 상황에서 아내를 제일 잘 알고 이해하는 것은 남편이다. 불안해하는 아내를 옆에서 잘 안심시키고 마음을 편안하게 만들어준다.
- 제대로 알지 못하는 이야기는 하지 않는다. 그러나 순산하는 데 도움이 된다면 얼마나 아내가 잘 해내고 있는지 격려한다. "간호사들이 모든 과정이 순조롭다고 하더라", "의사 선생님이 다 잘 되고 있다더라", "정말 당신이 자랑스럽다" 같은 이야기를 여러 번 해준다.
- 조용히 있어야 할 때는 그렇게 한다. 부산한 행동이나 말을 하지 않아도 고생하는 아내의 손을 잡아주면서 곁에 있는 것만으로도 큰 도움이 된다.
- 아내가 구토를 하거나 몸을 떨기 시작하면 간호사에게 보인다. 아내에게는 "분만이 진행되면서 정상적으로 나타날 수 있는 증상이니 걱정 말라"고 안심시킨다.
- 아내가 아직 정신이 있다면 출산교실에서 배운 것 중에서 통증을 가라앉히는 방법을 함께 하자고 해본다. 아내가 진통이 심해 자신의 말을 듣지 못할 때는 당황하지 말고 진통이 가라앉을 때 다시 말한다. 아내가 나가라며 내쫓을 수도 있지만 진통 때문에 예민해진 탓이므로 마음에 담아두지 않는다.
- 진통 중인 아내에게 말도 하지 않고 갑자기 방 밖으로 나가거나 오래 아내 곁을 비우지 않는다. 냄새 나는 음식을 먹거나 텔레비전을 켜고 스포츠 경기를 봐서도 안 된다. 아내가 괜찮다고 하더라도 속으면 안 된다. '나는 아기 낳느라 고생하는데 어떻게 속 편하게 TV가 눈에 들어올까?' 싶은 것이 아내들의 속마음이다. 회사 일로 통화를 하거나 다른 사람과 문자메시지를

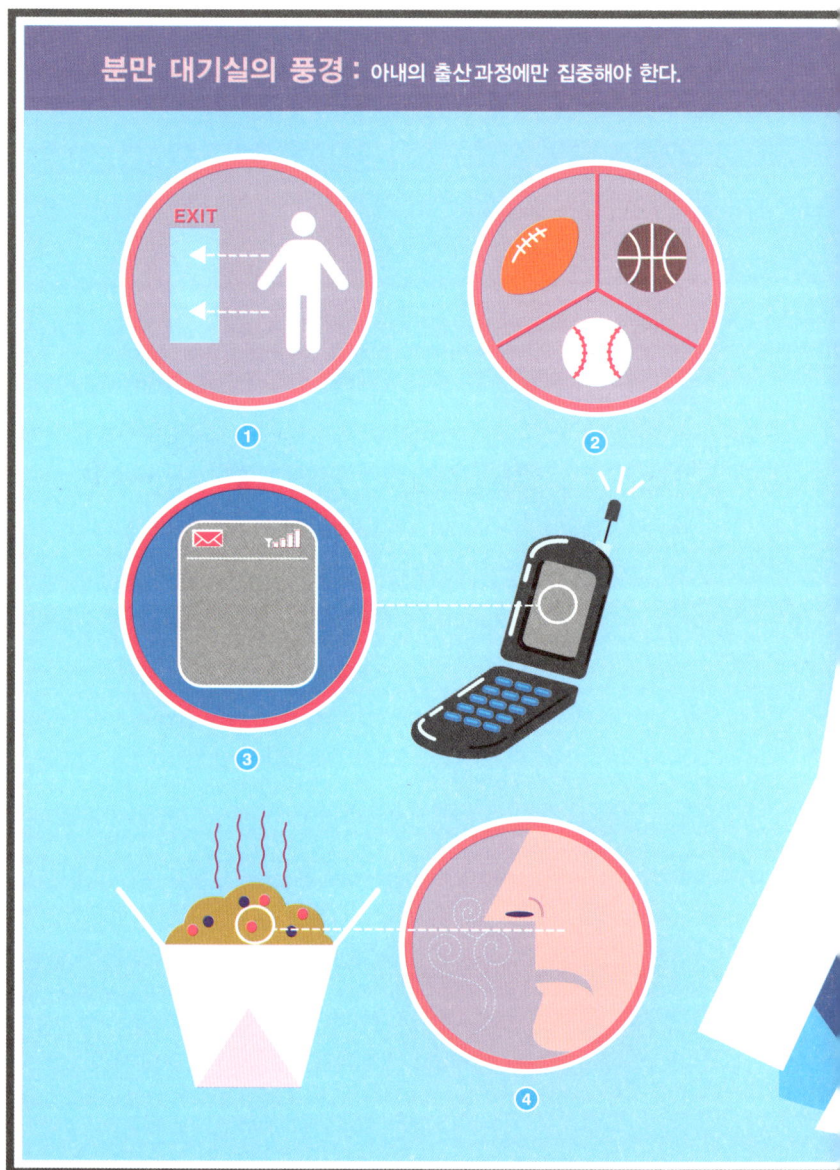

분만 대기실의 풍경 : 아내의 출산과정에만 집중해야 한다.

하지 말아야 해요 :

1. 오랜 시간 분만 대기실을 비운다.
2. 텔레비전으로 스포츠 경기를 본다.
3. 회사 일로 자꾸 전화를 하거나 문자를 보낸다.
4. 진통 중인 아내 곁에서 냄새가 심한 음식을 먹는다.

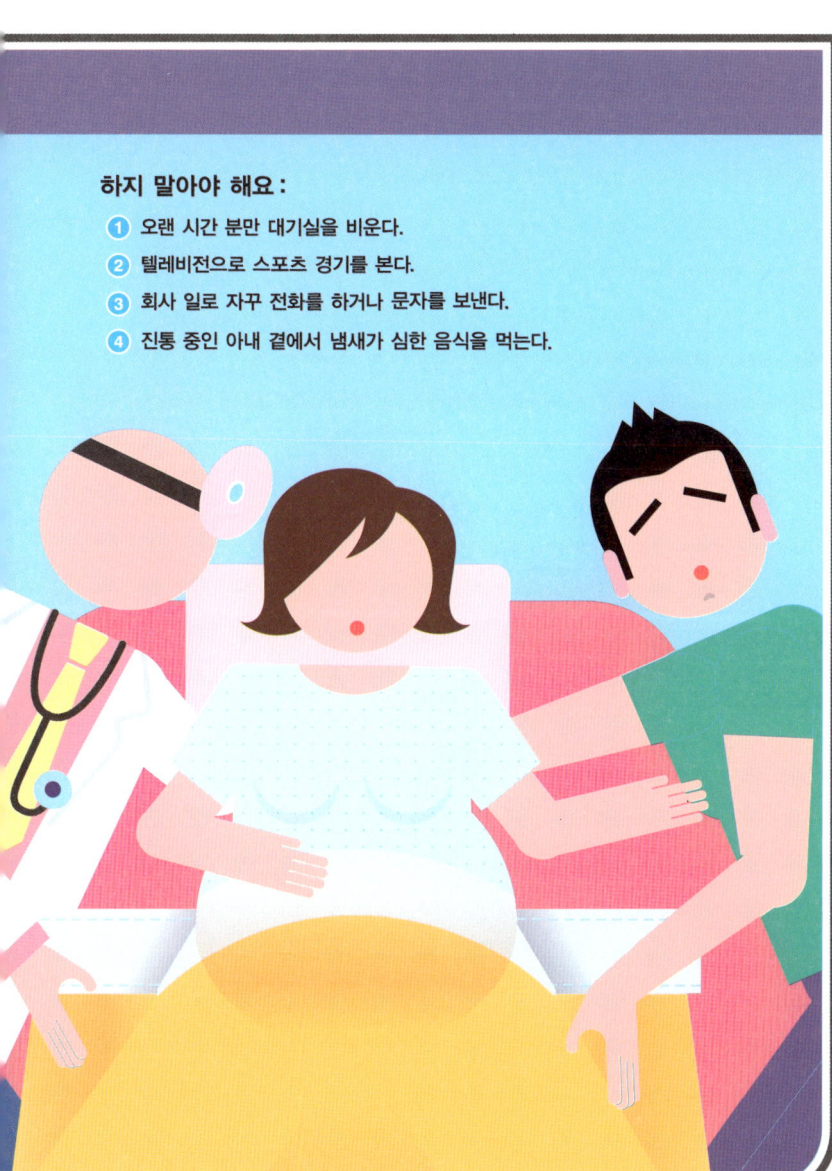

주고받는 것도 피한다. 아내의 출산과정과 관계없는 일은 해서는 안 된다. 지금 당장은 남편을 찾지 않더라도 언제 마음이 바뀌어 남편을 애타게 찾을지 모른다.

 의사의 한마디

분만은 매우 변화무쌍한 과정으로, 순식간에 상황이 돌변할 수 있다. 예상하지 못한 응급상황이 발생할 때는 의사의 설명을 잘 듣고 따르는 것이 좋다.

동시에 가장 사랑하는 사람이 고통스러워하고 인내심의 한계를 겪는 과정을 지켜보면서 딱히 도울 방법이 없다는 사실에 무척 자신이 무능하게 느껴지기도 한다. 이런 경우 남편들은 감정적이 되어 아내가 괜찮다고 하는데도 자꾸만 의사에게 무통분만 등 덜 힘든 방법을 찾아 달라고 요구한다. 때문에 출산 전에 미리 아내, 의사와 함께 원하는 사항을 상의하는 과정이 필요하다.

탯줄 자르기

아기가 나오면 의사가 탯줄을 자른다. 병원에 따라서는 아빠가 직접 탯줄을 자르도록 해주는 곳도 있다. 탯줄 양쪽을 겸자(집게 모양의 도구)로 잡고 그 사이를 아빠가 자르게 한다. 제대혈 보관 신청을 했다면 이때 혈액을 채취한다.

 알아두세요

아기의 탯줄을 직접 자르고 싶어 하는 아빠들이 있는가 하면 그렇지 않은 경우도 있다. 만약 비위가 약해 탯줄을 직접 자르기 망설여진다면 주저하지 말고 말한다. 이럴 때는 의사가 탯줄을 자른다.

병원에서 아기를 낳으려고 생각하고 있다가 갑자기 응급상황에서 아기를 낳
는 경우도 있다. 누구나 당황하기 쉬운 상황임에 틀림없다. 하지만 차분히 대
처하면 당시엔 힘들어도 아기가 평생 생일마다 영웅담을 늘어놓으며 주목을
받는 기회가 된다.

　병원이 아닌 곳에서 분만이 이루어질 때는 최대한 침착해야 한다. 지금까지
인류는 수백만 년 동안 컴퓨터 모니터와 소독된 기구, 고가의 의료장비 없이
도 아이를 잘 낳았다는 사실을 기억하라.

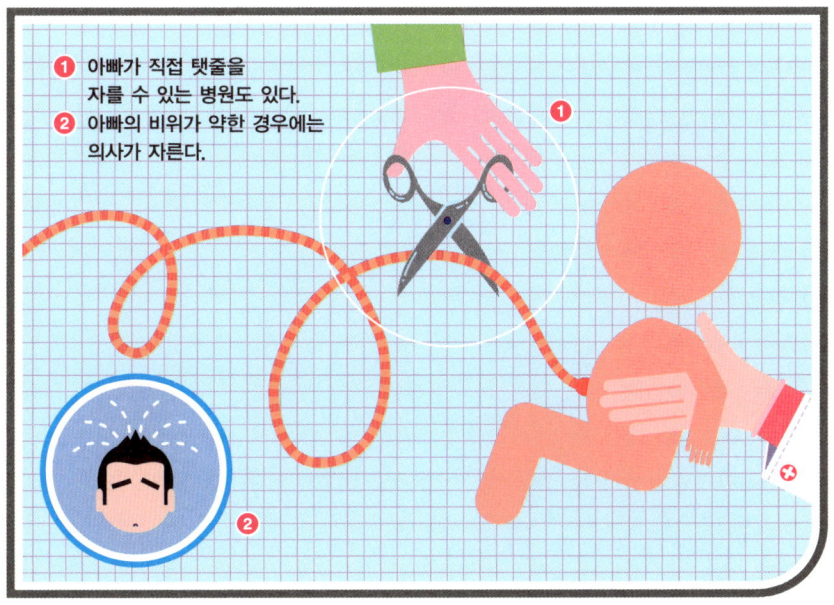

❶ 아빠가 직접 탯줄을
　자를 수 있는 병원도 있다.
❷ 아빠의 비위가 약한 경우에는
　의사가 자른다.

아기가 나오기 시작하는데 아직 병원에 도착하지 못했을 때는 어떻게 해야 할까.

- 차를 세우고 119나 가까운 병원 응급실에 전화한다.
- 엄마를 뒷좌석에 눕게 한 후 엉덩이 밑에 깨끗한 수건이나 천을 대준다.
- 가능하면 손을 깨끗이 닦고 아기를 받을 준비를 한다.
- 일단 머리가 나오면 몸은 굉장히 빨리 나온다. 가끔 살짝 당겨줘야 하는 경우도 있다. 손을 아기 겨드랑이 밑에 넣고 살짝 당긴다.
- 아기는 나오자마자 부드러운 수건으로 감싸 따뜻하게 해준다.
- 아기를 엄마에게 건네 안아보도록 한다.

 알아두세요

분만과정이 빠르게 진행돼 아기가 빨리 태어나면 스스로 호흡해야 한다는 사실을 깨닫지 못하기도 한다. 아기가 파래지고 잘 울지 않을 때는 발바닥을 비비거나 척추를 위아래로 문질러 자극시킨다. 이때까지도 구급차가 도착하지 않았다면 탯줄을 직접 잘라야 한다. 이때 알아야 할 사항들이다.

- 탯줄에는 보통 혈관이 세 개 있다. 아기와 엄마에게서 출혈이 많이 되지 않게 하려면 두 군데서 꽉 집어주어야 한다.
- 긴 끈이나 천조각(깨끗한 것이면 더 좋다)으로 2.5cm 간격을 두고 탯줄 두 군데를 꽉 묶는다.
- 매듭 사이를 깨끗한 칼이나 가위로 자른다.

- 아직도 구급차가 오지 않았다면 태반을 받아내야 한다.
- 엄마 쪽 탯줄과 한쪽 매듭은 아직 태반에 연결돼 엄마의 질에서 빠져나와 있다.
- 탯줄을 당겨낼 필요는 없다. 태반은 저절로 나오는데, 보통 아기가 태어난 지 30분 이내에 나온다.
- 태반이 잘 나오지 않는 경우 피와 응고된 핏덩어리가 잔뜩 쏟아져 나온다. 엄마의 몸이 아직 자궁에 혈액을 상당히 많이 보내고 있기 때문으로, 너무 놀라지 않는다. 엄마의 몸이 아기가 이제 더 이상 자궁에 들어 있지 않다는 사실을 깨닫기까지는 시간이 약간 걸린다.
- 태반이 나오면 자궁이 빠르게 수축된다. 자궁근육이 수축되면서 출혈이 줄어든다.
- 계속해서 피가 너무 많이 나오면 엄마 배를 열심히 문질러 마사지한다. 골반 뼈와 배꼽 사이에 자궁이 단단한 공처럼 만져진다. 이렇게 하면 자궁이 이제 줄어들 시간이 되었다는 것을 깨닫는다.

응급 분만 : 아기가 예정보다 일찍 나올 수 있으므로 항상 마음의 준비를 해둔다.

❶ 119나 가까운 병원에 전화한다.

❷ 엄마를 뒷좌석에 편하게 눕게 한 후 엉덩이 밑에 깨끗한 수건이나 천을 깔아준다.

❸ 되도록 손을 깨끗이 닦고 아이 받을 준비를 한다.

❹ 아기 머리가 나오면 옆에서 조금 당겨준다. 아기 겨드랑이 밑에 손을 넣고 살짝 당긴다.

❺ 아기를 깨끗한 수건이나 옷으로 감싸 따뜻하게 해준다.

❻ 엄마에게 아기를 안겨준다.

⚠ 구급차가 도착하지 않았다면 **깨끗한 가위로** 탯줄을 자른다.

출산교실에서 배운 내용을 떠올려 침착하게 대응한다.

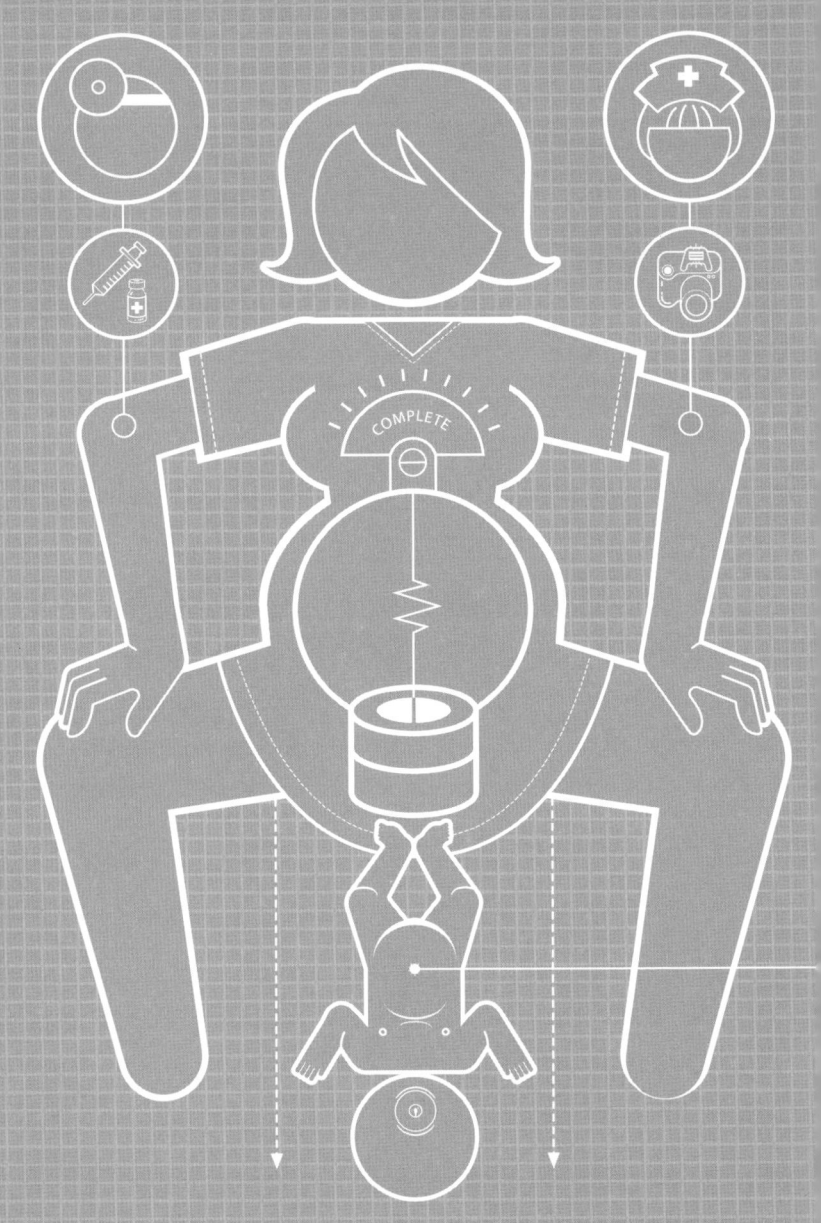

Chapter 7

드디어 아기가
태어났어요!

아기의 탄생은 대단한 사건이지만 늘 있는 일이다. 물론 예비엄마, 예비아빠에게는 어떤 일보다도 중요한 일이다. 처음 아기를 낳는 엄마들은 아무리 예전에 텔레비전이나 영화에서 아기 낳는 장면을 많이 보았더라도 자기가 어떤 식으로 아기를 낳게 될지 짐작조차 하지 못한다.

출산을 앞둔 예비엄마는 마음속으로 여러 가지 생각이 많다. 내가 잘 해낼 수 있을까?, 소리를 엄청 지르게 될까 아니면 꾹 참고 낳게 될까?, 지금까지 전해 들은 무시무시하고 겁나는 일이 일어날까?, 내가 과연 편안한 상태에서 아기가 태어나는 순간의 감동을 맛볼 수 있을까? 등등의 생각이다.

거의 모든 엄마들은 자기가 아기를 낳은 순간에 대해 누군가에게 이야기 들려주는 것을 좋아한다. 그래서 만삭이 가까워지면 예비엄마들은 출산과 관련된 이야기를 수도 없이 듣는다. 특히 마음이 편해지는 건 평소 겁이 많은 친구나 주변사람의 출산 이야기를 들을 때다.

"나도 낳았는데 뭘 그렇게 걱정해? 너도 잘 해낼 수 있어."

그러면 이런 생각이 든다.

"맞아. 쟨 어릴 때 완전 울보였는데. 그럼 나도 순산할 수 있겠지."

출산에 대한 두려움이 줄어들면서 갑자기 눈앞에 햇살이 비추는 것 같은 느낌이 든다. 이미 출산과 육아를 경험한 엄마들의 이야기를 들으면 지나친 걱정을 덜 수 있다.

아기를 키워본 엄마들은 이렇게 말하기도 한다.

"출산? 그건 아무것도 아니야. 젖 한번 먹여봐. 아기 수유리듬이 잡힐 때까지 밤새 잠을 못 자는 게 얼마나 힘든지 몰라!"

출산예정일이 다가올수록 두려움이 생긴다면 내가 아기를 낳는 것처럼 세상의 모든 사람들은 엄마들이 낳았다는 사실을 떠올린다. 지나가는 사람들을 처다보며 그 사람들이 아기였을 때의 모습을 상상해보는 것도 재미있다.

이런 과정을 통해 예비엄마는 자신의 몸이 원래 아기를 잘 낳도록 만들어져 있고, 무슨 일을 해야 하는지 이미 알고 있다는 사실을 깨닫는다. 이제 내 차례가 된 것뿐이다. 너무 긴장하기보다는 임신과 출산이라는 특별한 경험을 즐기는 것은 어떨까. 남자들은 소중한 생명을 낳을 수 있다는 기쁨을 맛볼 수 없으니 말이다.

출산이 가까워지는 신호

출산 장면을 보여주는 영화를 보면 수도 없이 나오는 상황이 있다. 바로 임신부가 갑자기 극심한 통증을 느껴 병원에 당장 가야 하는 상황이다. 분만과정에서는 임신부가 고통에 몸부림치며 욕을 늘어놓고 소리를 지른다. "나한테 이런 짓을 하다니! 나쁜 놈!" 고통에 몸을 바로 펴지도 못하고 잠시 신음을 멈췄을 때는 남편에게 욕을 쏟아놓는다. 남편은 겁에 질려 라마즈 분만 수업에서 배운 것은 모두 잊어버리고 병원에 가져가려고 싸둔 가방도 잊고 만다. 거기다 아내를 태우고 병원에 가는 길은 교통체증으로 꽉 막히고, 결국 아빠가 아기를 받는다.

실제로는 아기가 태어나기 전에 여러 가지 신호들이 나타나므로 출산이 임박했다는 사실을 대부분 눈치챌 수 있다. 다음은 이제 아기를 낳으러 병원에 가야 할 때가 됐다는 사실을 알려주는 신호들이다.

출산예정일이 가까워진다 | 출산예정일은 통계적으로 아기가 나올 확률이 가장 높은 날이다. 대개 아기는 임신 37~42주 사이에 태어난다. 출산예정일에

정확히 맞춰 아기가 나오는 것은 아니지만 이 날짜를 참고해 여러 가지를 준비하면 된다. 달력에 표시해둔 출산예정일이 다가오면 엄마의 몸이 보내는 신호에 더욱 신경을 쓴다. 이제 얼마 남지 않았다.

태아가 골반으로 내려온다 | 아기가 골반에 머리가 끼는 것을 '태아 하강'이라고 한다. 아기가 머리를 아래로 해서 골반까지 내려오면 산도를 통해 내려올 준비가 된 것이다.

출산 며칠 전 혹은 몇 주 전에 태아 하강이 나타나는 경우도 있고, 실제 출산 직전까지 이런 현상이 전혀 없는 사람도 있으므로 절대적인 것은 아니다. 그러나 가진통이 더 자주, 더 심하게 나타나는 경우에는 아기 머리가 골반으로 밀려 내려오므로 자궁경부가 부드러워지고 얇아진다.

변이 부드러워진다 | 출산 직전 프로스타글란딘에 의해 호르몬이 바뀌면 변이 부드러워진다. 골반을 통해 아기가 지나가기 쉽도록 엄마 몸이 장에 공간을 만들기 때문이다.

양수가 터진다 | 저절로 터지든 의사가 의도적으로 터지게 하든 양수가 터지면 24~48시간 내에 아기가 나온다. 양수가 터지면 감염의 위험이 있기 때문에 바로 병원으로 간다. 병원에서는 아기가 나올 준비가 되면 24시간을 넘기지 않고 출산하게 한다.

양수가 터졌다면

양수가 터지면 물이 꽤 많이 쏟아진다. 출산이 가까워지는 시기에는 갑자기 언제 어디서 양수가 터질지 모른다.

　양수는 아기에게 쿠션 역할을 한다. 양수가 터졌을 때의 느낌을 알고 싶다면 1L짜리 물병에 물을 채워 바닥에 쏟아본다. 3기가 되면 양막 안에 물이 1L 정도 찬다. 양수가 터질 때의 주의할 점은 다음과 같다.

- 물이 약간 새는 듯한 느낌만 받는 사람도 있다.
- 양수가 터지고 나서도 몸에서 계속해서 양수를 만들어내기 때문에 조금씩 새나온다.
- 양수가 터지지 않은 사람은 산부인과 의사가 의료 기구를 이용해 양막을 일부러 터뜨려 출산과정을 진행시킨다.
- 터져 나온 양수는 맑아야 정상이다. 만약 녹색이나 갈색, 혹은 노란색 등 어두운 색을 띤다면 아기가 안에서 태변을 본 경우다. 이는 아기가 스트레스를 받고 있다는 신호이므로 당장 병원으로 가야 한다.

 의사의 한마디

임신 말기에는 질 분비물이 많아지는데 이것은 정상이다. 임신부 열 명 중 한두 명은 항상 패드를 착용해야 할 정도로 분비물의 양이 많다. 임신 3기에는 질과 자궁경부의 혈류량이 증가하고 질에 있는 분비샘의 기능이 활발해진다.
때문에 분비물이 많은 임신부의 경우 단순히 분비물이 늘어난 것인지 양수가 터진 것인지 구분하기 힘들다. 이럴 때는 밑이 축축해지는 것 같은 기분이 들면 잘 닦아내고 속옷을 갈아입은 다음 걸어다녀서 확인한다. 만일 다리를 타고 계속 뭔가가 흐른다면 양수가 터진 것이다. 바로 분만할 병원에 전화를 하면서 출발한다.

피가 섞인 이슬 | 자궁경부가 열리는 과정에서 출산 전에 피가 비칠 수 있다. 자궁수축이 일어나면서 자궁경부가 부드러워지면 모세혈관에서 출혈이 일어나기 때문이다. 자궁경부는 가벼운 자극만으로도 피가 비칠 수 있는 부위다. 운동이나 성교, 심지어 소변이나 대변을 보는 정도의 자극에도 피가 비칠 수 있다. 그 정도의 출혈이 괜찮은지 잘 모를 때는 다니는 병원에 연락해서 확인한다.

이슬(점액질) | 자궁경부가 부드러워지면서 확장되기 시작하면 자궁경부를 막고 있던 점액질이 빠져나온다. 사람에 따라 점액이 스르르 빠져나오기도 하고 매듭 같은 덩어리가 보이기도 한다. 이때까지 점액은 보호 마개와 비슷한 역할을 하는데, 특히 출산이 임박한 시기에는 점액이 계속 만들어진다. 이슬이 비쳤다고 해서 반드시 출산이 임박한 것은 아니다. 이슬이 비치고도 출산까지 몇 주가 걸리는 사람도 있다. 이슬은 다만 출산이 가까웠다는 신호다.

요통 | 아기가 등 쪽을 바라보지 않고 앞을 보고 있으면 허리가 아프다. 아기가 계속해서 뒤를 돌아보지 않는다면 점점 더 아프다. 자궁수축이 시작될 때 아기 머리가 척추를 압박해도 허리가 많이 아프다.

진통 | 가진통은 실제 진통 전에 찾아오는 워밍업 과정이다. 가진통은 왔다 멈추다를 몇 차례 반복하다가 금세 사라진다. 특히 걷거나 몸을 움직이면 완화된다.

　초기 진통은 강도와 빈도가 일정하지 않은 편이다. 몇 번은 너무 아파서 숨을 못 쉴 것 같다가도 그 다음에는 가벼운 복통 정도로 나타난다. 3~5분 간격

출산이 시작되었다는 신호

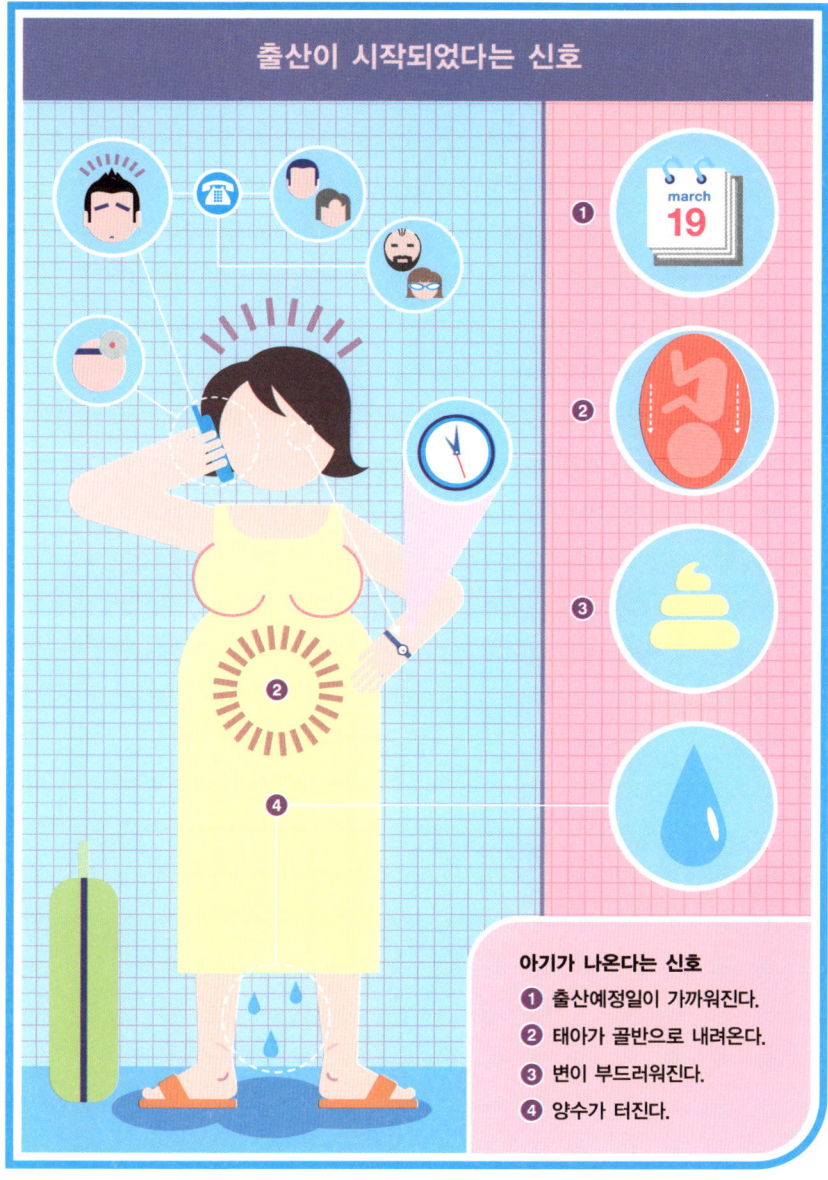

아기가 나온다는 신호
1. 출산예정일이 가까워진다.
2. 태아가 골반으로 내려온다.
3. 변이 부드러워진다.
4. 양수가 터진다.

으로 왔다가 10~15분 간격이 되기도 한다. 남편이나 의사와 날씨 같은 별것 아닌 이야기를 15분 이상 할 수 있거나, 진통이 오는 동안에도 말을 계속 할 수 있다면 진진통(진짜 진통)이 아니다.

진통에 대한 기본 상식

진통 초기에는 20분 간격으로 배가 아프고, 한 회당 통증이 30초간 지속된다.

- 초기 진통은 생리통처럼 뻗쳐나가는 듯한 통증이다. 자궁근육이 수축해 자궁경부가 열리게 하는데, 자궁경부는 10cm까지 열린다.
- 후기로 갈수록 통증이 점점 심해져서, 처음에는 심한 생리통 정도이던 것이 마지막에는 상상할 수도 없을 정도로 극심해진다. 통증이 심해지고 진통 간격이 3~5분 간격으로 일정해지면 진진통이다.

  언제까지 병원에 가야 한다는 원칙은 없다. 하지만 진통 간격이 5분으로 일정하게 한 시간 이상 지속되고, 다른 일을 할 수 없을 정도로 아프다면 이 정도로 병원에 간다고 비웃을 사람은 아무도 없다. 병원으로 출발하는 차 안에서 미리 병원에 연락한다.
- 병원과 가까운 곳에 산다면 진통이 5분 간격으로 한 시간 동안 지속될 때까지 기다렸다가 출발한다.
- 병원에서 45분 이상 걸리는 곳에 산다면 진통 간격이 좀 멀더라도 미리 출발하는 것이 좋다.

  진통이 시작되면 제정신이 아니므로 이야기할 것이 있으면 미리 말해둔다. 진통이 시작되면 자궁문이 평균 1시간에 1~2cm씩 열린다. 자궁문이 다 열릴 때까지는 6~8시간이 걸린다는 계산이 나온다. 진통이 오기 전에 마지막으로 병원에 갔을 때 이미 4cm가 열렸다는 이야기를 들었다면 병원에 그보다 빨리 도착해야 한다.

 의사의 한마디

출산이 가까워지면 가짜 진통이 올 수도 있다는 사실을 알아두자. 아이 셋을 둔 어떤 여성은 아이 셋을 낳을 때마다 서너 번씩이나 잘못 알고 병원에 갔다. 셋이나 낳은 사람도 이런데 초산인 경우라면 오죽할까. 그래서 진통이 올 때 가진통인지, 아닌지 잘 모르겠다면 일단 병원에 가서 의사를 만나보는 것이 좋다.

진통 주기 확인하기

진통 주기는 어떻게 잴까? 두 가지 방법이 있는데, 이중 하나를 골라 출산 진행상황을 가늠해보자.

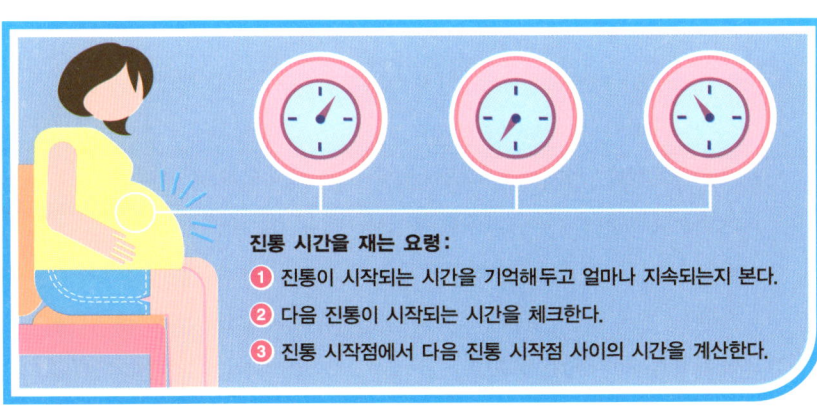

진통 시간을 재는 요령:
❶ 진통이 시작되는 시간을 기억해두고 얼마나 지속되는지 본다.
❷ 다음 진통이 시작되는 시간을 체크한다.
❸ 진통 시작점에서 다음 진통 시작점 사이의 시간을 계산한다.

방법 1

1 진통 지속시간을 잰다. 예를 들어 '30초에서 1분' 이런 식이다.

2 진통 간격을 지켜본다. 진통이 오고 나서 9분 동안 잠잠했다면 진통 간격은 10분이다.

3 진통 간격이 가깝고 연이어서 나타나면 약간 헷갈릴 수 있다. 진통 간격을 잴 때는 시작점부터 시작점까지가 기준이다.

4 진통이 1분 동안 지속되고 진통이 없는 시간이 3분이라면, 진통 간격은 4분이다. 이쯤 되면 시계를 보고 있는 것 자체가 힘든 단계다. 옆에서 출산을 돕는 사람에게 대신 재달라고 부탁한다.

방법 2

기준점을 진통 시작점이 아닌 끝나는 시간으로 한다는 것 외에는 방법 1과 같다.

병원에 입원하기

진진통이 시작되면 병원에 입원해야 한다. 세상 빛을 한시라도 빨리 보고 싶어서 마음이 급한 뱃속 아기는 차분히 입원 절차를 기다려주지 않는다.

병원마다 입원 절차는 조금씩 다르지만 어디나 밟아야 하는 기본 절차가 있다. 병원에 문의해서 서면동의서 작성, 응급시 연락망 등의 각종 서류를 입원 당일 이전에 미리 해둬도 괜찮은지 알아본다. 두 번째나 세 번째 진료를 할 때 미리 모든 절차를 밟아두는 산부인과도 있다.

병원을 옮기는 경우에는 이전 병원에서의 기록과 각종 검사 결과, 환자 정보 등이 잘 전달되었는지 확인한다.

- 분만실에 도착하면 일단 환자복으로 갈아입는다. 환자복은 입원해 있는 동안 분비물 등으로 지저분해져서 여러 차례 갈아입게 된다.
- 간호사가 혈압, 심장박동수, 체온, 폐 상태 등 바이탈 사인(vital signs)을 체크한다.
- 혈액과 소변을 채취한다.
- 진통 간격이 얼마인지, 진통이 시작되고 얼마나 되었는지 물어본다. 양수가 터졌다면 그 사실을 알리고, 언제 터졌는지도 이야기한다. 초산인지 여부와 유산 여부, 임신합병증, 기존 질환, 건강상태도 체크한다.
- 내진을 통해 자궁 입구가 얼마나 확장되었는지 본다.
- 태아 감시 장치를 달기도 한다. 이 장치를 통해 아기의 심장박동과 진통 지속시간을 모니터링해서 아기가 잘 견뎌내는지 본다. 이때 기계에 연결하는 전극이 아기의 움직임에 방해가 될까봐 장치를 가끔만 연결해달라고 하는 엄마들도 있다.
- 마취제나 진통제, 수액을 맞게 될 때를 위해 미리 정맥주사 바늘을 꽂는다. 유도분만을 할 경우 이곳을 통해 촉진제를 맞는다. B군 연쇄상구균 보균자는 분만 진행과정에서 항생제를 맞아야 한다.

의사의 한마디

아기의 출생과정에 대해 계획을 세워두는 부모들도 있다. 하지만 그 계획은 단순히 희망사항 정도로만 여기는 것이 좋다.

아기가 엄마의 뜻에 따라 나오길 바랄 수는 없다. 분만 중에 생기는 상황에 맞게 융통성을 발휘해야 하는 경우도 생긴다. 예를 들어 자연분만을 하고 싶지만 아기가 잘 내려오지 못할 때는 촉진제를 맞아 자궁수축이 잘 되도록 해야 한다. 또는 아기가 스트레스를 심하게 받으면 침대에 누워서 아기 상태를 지속적으로 살펴야 하는 경우도 있다. 이런 상황이 되면 담당의사와 잘 상의해서 엄마와 아기에게 가장 안전한 방법을 찾는 것이 중요하다.

 알아두세요

아기를 낳으러 병원에 온 사실을 너무 빨리 사람들에게 알리지 않는 것이 좋다. 진통으로 알고 병원을 찾은 이들 중에 가진통이라는 이야기를 듣고 귀가하는 경우가 매우 많다. 의사에게 출산이 시작되었다는 말을 들은 다음에 연락해도 늦지 않다.

분만이 진행되는 과정

입원 절차를 밟고 환자복으로 갈아입으면 분만대기실로 들어간다. 가족분만실을 사용하는 경우에는 한 곳에서 진통, 분만까지 모든 과정이 이루어진다.

- 초산인 산모들의 진통 시간은 평균 10시간 정도다. 분만 1기가 9시간 반을 차지하고 2기가 30분, 3기가 5분 정도 걸린다.
- 초산인 산모들 중에도 유난히 진통시간이 긴 사람들도 있다. 1기에만 25시간 이상이 걸리고 아이를 밀어내는 과정이 1~2시간, 태반이 나오는 데 30분 정도 걸린다.
- 분만 경험이 있는 산모는 더 빨리 진행되는 경향이 있다. 이 경우 1기가 7~8시간이고 2기는 8분, 3기는 5분 정도다. 경산모가 아기를 더 빨리 낳는 이유는 한번 늘어났던 자궁경부가 분만 신호에 더 빨리 반응하고 동시에 늘어나는 힘에 탄력성이 있기 때문이다.

분만 1기

이 단계가 사람들이 생각하는 분만과정이다. 그러나 정확하게 말하면 전체 과정의 3분의 1에 해당되는 단계에 해당한다. 물론 시간상으로는 전체 과정의 대부분을 차지한다.

1기에서 자궁 입구가 벌어지기 시작하는데, 1기는 다시 세 개의 단계로 나뉜다. 자궁 입구가 0~3cm가 열리는 때를 잠재기, 3~7cm가 열리는 때를 활동기, 7~10cm 열린 때를 이행기라고 한다.

● 잠재기

저위험 산모에 속하는 건강한 여성이라면 이 단계에서는 일상생활을 그대로 하면서 집에 있도록 한다. 이 단계에서는 자궁경부가 부드러워지고 얇아진다.

증상 : 숨이 막히게 아프다가 약간 뭉치는 기분만 들 정도로 통증이 들쭉날쭉하다. 진통이 규칙적으로 나타날 때까지 12~24시간 이 상태가 지속되기 때문에 진진통인지 알기 어렵다. 따뜻한 물로 샤워를 하거나 남편에게 허리, 엉덩이를 마사지하도록 해서 긴장을 푼다.

● 활동기

이 단계에 접어들면 병원에 갈 마음이 생긴다. 병원에 가면 가끔 상태를 살펴보면서 자궁 입구가 잘 벌어지고 있는지 확인한다.

증상 : 이 단계에서는 천연 진통제인 엔도르핀이 분비된다. 이때 무통분만을 할지 여부를 결정한다(p.203 참고). 이행기까지 기다리면 너무 늦다. 3~5분 간격으로 몇 시간 동안 자궁근육을 수축시켜야 하므로 몸이 너무 힘을 빼서 오한이 들거나 구토를 할 수도 있다.

● 이행기

진통이 2분에 한 번으로 잦아진다. 이행기 말이 되면 지속시간도 90초에 이른다. 다시 말해 통증이 없는 시간이 30초밖에 안 된다. 이쯤 되면 지켜보던 남편들은 자기는 절대 아기를 못 낳을 것 같다고 고개를 젓는다.

증상 : 다행히 이행기는 분만과정 중 가장 짧은 단계다. 이 단계에서 산모들은 통증과 긴장을 가라앉히는 데 효과가 있는 방법을 활용하면 좋다. 옆에서 분만을 돕는 남편이나 가족은 출산교실 등에서 배운 내용대로 잘 도와준다.

분만 2기

2기는 자궁 입구가 완전히 벌어져 엄마가 산도를 통해 아기를 밀어내는 단계다.

증상 : 2기가 되어 아기를 밀어내려는 욕구가 생기기 전에 잠깐 통증이 줄어드는 시간이 있다. 의사가 자궁 입구가 완전히 열린 것을 확인하고 알려준다.

이 단계에서 진통이 느려지는데, 너무 지쳐서 조는 엄마들도 있을 정도다. 아기가 산도를 통해 내려오면서 직장 내 압력이 상당히 높아진다. 이때 실제로 대변이 나오기도 한다. 이것은 아기를 제대로 밀어내고 있다는 증거다.

아기 머리가 엄마 몸 밖으로 나올 때는 가장 넓은 부분을 지나면서 질 바깥 부분에 통증이 있다. 아기 머리만 나오면 나머지 부분은 대개 쉽게 미끄러져 나온다.

분만 3기

이 단계에서는 태반이 몸 밖으로 나온다. 엄마는 이때 아기를 안고 있거나 젖을 물리고 있고, 마취제나 진통제의 효과가 남아 있어 태반이 나오는지조차 눈치채지 못한다. 이 과정은 아기가 나온 후 20분 이내에 일어난다.

태반이 나오면 의사가 살펴보고 자궁 주변을 손으로 쓸어보아 안에 남은 찌꺼기나 핏덩어리가 없는지 확인한다. 이 검사 과정은 아프지만 꼭 해야 한다. 자궁 안에 찌꺼기가 남으면 과다출혈이나 감염의 위험이 있다.

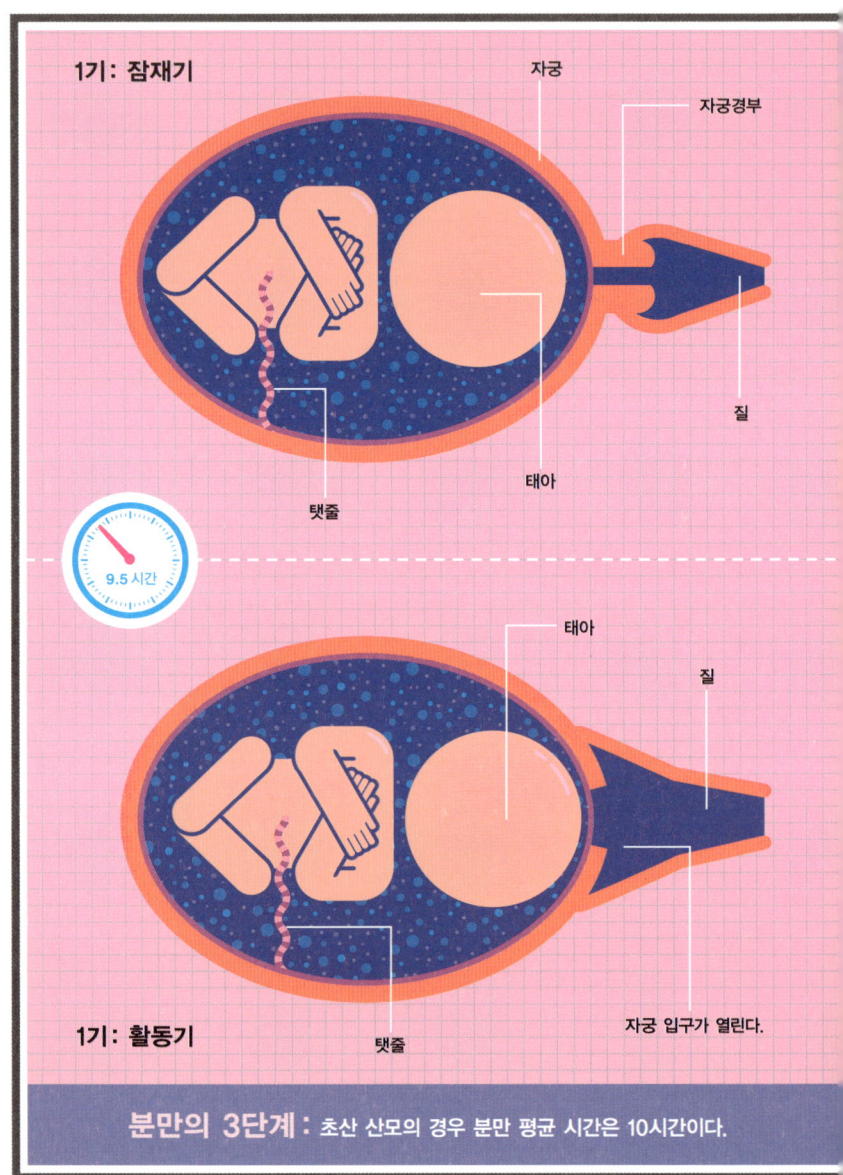

1기: 잠재기

자궁

자궁경부

질

태아

탯줄

9.5 시간

태아

질

1기: 활동기

탯줄

자궁 입구가 열린다.

분만의 3단계 : 초산 산모의 경우 분만 평균 시간은 10시간이다.

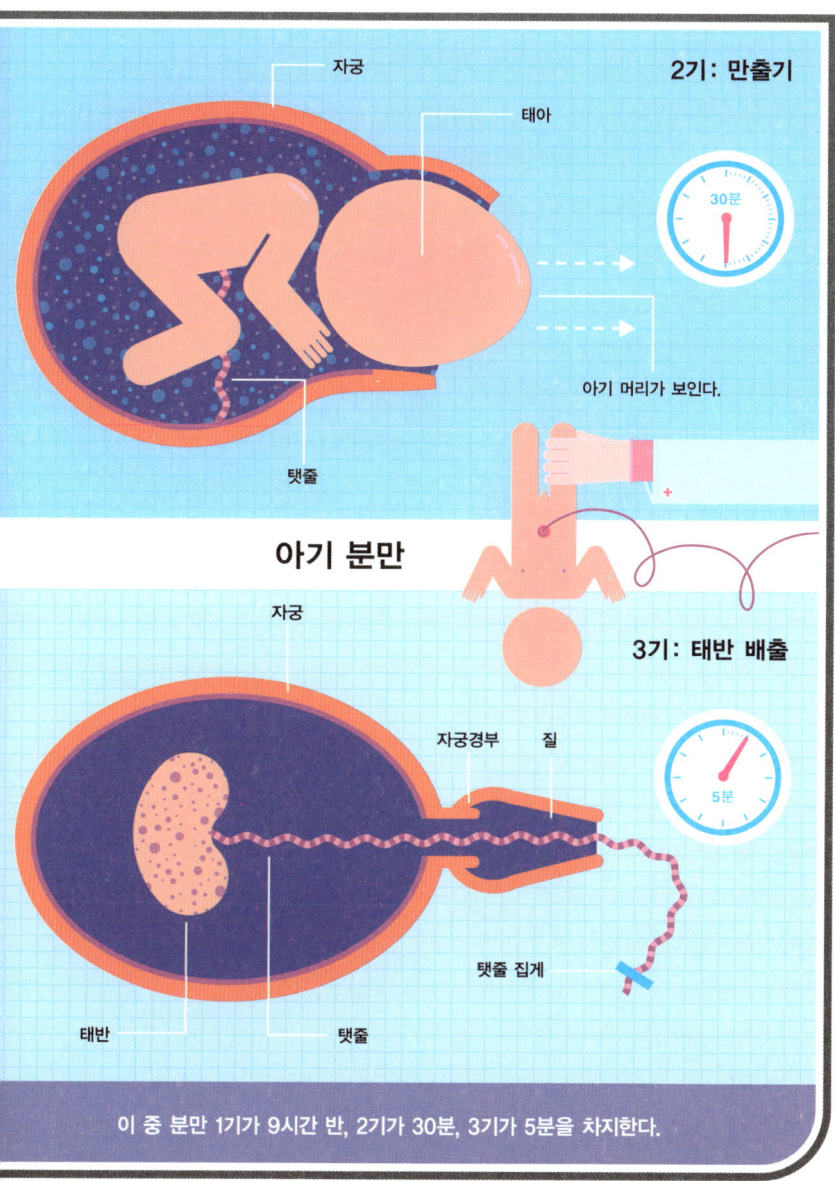

자궁

2기: 만출기

태아

30분

아기 머리가 보인다.

탯줄

아기 분만

자궁

3기: 태반 배출

자궁경부   질

5분

탯줄 집게

태반   탯줄

이 중 분만 1기가 9시간 반, 2기가 30분, 3기가 5분을 차지한다.

증상 : 머리가 띵하고 하늘을 나는 것 같고 아프다. 다 끝났다는 안도감이 들면서 몸에 기운이 빠진다.

이제 작고 귀여운 아기를 안아본다. 아직 얼굴은 벌겋고, 악을 쓰듯 울어대고, 제대로 눈조차 못 뜨고 있지만 엄마 눈에는 예쁘게만 보인다.

갓난아기와의 만남

우리가 텔레비전이나 영화에서 보는 신생아들은 보통 태어난 지 몇 개월이 지난 아기들이 대부분이다. 정말로 갓 태어난 신생아는 촬영하기가 어렵기 때문이다.

출산과정은 엄마와 아기 모두에게 무척 힘든 과정이다. 엄마의 양수가 터지고, 출혈을 하고, 태아의 기름막이 떨어지는 등 여러 가지 변화를 겪어야 한다.

갓 태어난 아기의 머리는 뾰족한 고깔 모양에 가깝다. 산도를 통과하기 쉽도록 부드럽기 때문이다. 그러나 걱정할 필요는 없다. 처음 아기를 보면 모양이 이상해서 놀랄지 모르지만 시간이 지나면 저절로 둥근 모양이 된다.

또한 산도를 통과하면서 아기의 얼굴과 머리, 몸 여기저기에 영광의 멍자국이 생긴다. 태어난 지 하루 이틀 동안은 코도 눌려 있다. 눈과 성기 역시 처음에는 부어 있고, 아기가 출산예정일을 지나서 나왔다면 피부가 늘어져 있는 경우가 많다.

피부는 울긋불긋하고 여러 가지 얼룩까지 묻어 있다. 어떤 것은 곧 없어지고 어떤 것은 계속 남아 있다. 아기 이마나 목 뒤에 잘 나타나는 연어반은 혈관덩어리로, 시간이 지나면 대부분 사라진다. 다만, 목 뒤의 연어반은 안 없어지기도 한다. 몽고반점은 피부색이 진한 아이들에게서 더 잘 나타나고 아기가 크면서 점점 연해진다.

통증을 줄이는 요령

진통이 시작되면 통증이 너무 심해 다른 생각이 나지 않는다. 통증이 점점 심해질 거라는 두려움도 커진다. 실제로 통증은 점점 심해지고, 때로는 몸을 떨고, 구토를 하고, 땀으로 옷이 흠뻑 젖기도 한다. 다음은 집이나 병원에서 진통을 줄여주는 방법들이다.

병원에 가는 시간을 조절한다 | 가능하면 몸과 마음이 편한 집에 오래 있다가 병원으로 출발한다. 이렇게 해야 조금이라도 더 오래 자유롭게 돌아다니고 익숙한 물건을 사용할 수 있다. 진통이 오면 걸어다니거나 샤워를 하고, 쪼그려 앉는 운동을 해도 좋다.

신경을 분산시킨다 | 마음을 편안하게 해주는 사진(아이들이나 애완동물, 좋아하는 그림 등)을 보거나 음악을 들어도 좋다. 남편과 함께 수수께끼를 내거나 각국의 수도 이름을 맞추는 게임을 하는 것도 통증을 줄일 수 있는 한 방법이다.

호흡에 신경 쓴다 | 진통이 시작될 때 코를 통해 숨을 들이마시고, 고통이 최고조에 이르렀을 때 입으로 숨을 토해낸다.

마사지를 한다 | 남편에게 허리와 엉덩이 마사지를 부탁한다. 이곳을 문지르면 허리 통증이 줄어든다. 손으로 꾹 누르면서 원을 그리는 것이 요령이다. 등은 좁게 누르면서 살짝 위쪽으로 밀어 올린다. 엉덩이를 눌러주거나 배 아래

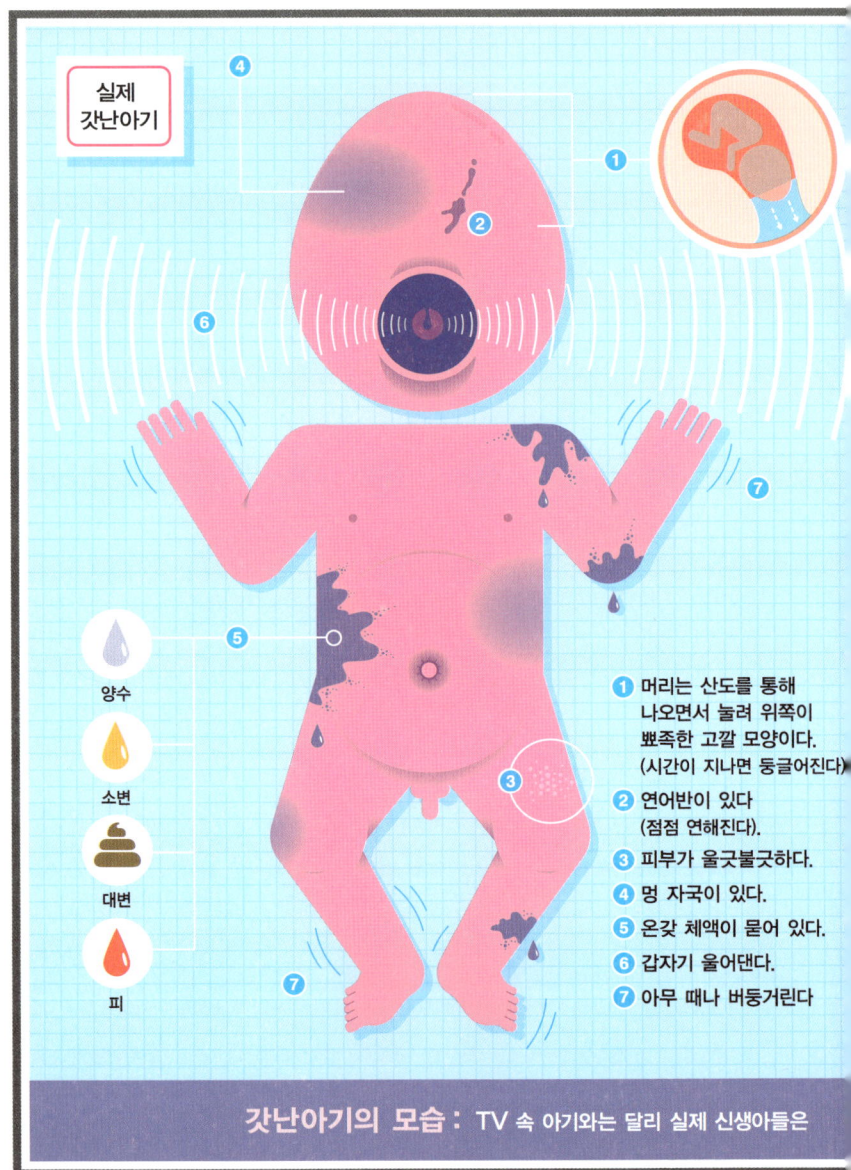

1 머리는 산도를 통해
  나오면서 눌려 위쪽이
  뾰족한 고깔 모양이다.
  (시간이 지나면 둥글어진다)

2 연어반이 있다
  (점점 연해진다).

3 피부가 울긋불긋하다.

4 멍 자국이 있다.

5 온갖 체액이 묻어 있다.

6 갑자기 울어댄다.

7 아무 때나 버둥거린다

양수

소변

대변

피

갓난아기의 모습 : TV 속 아기와는 달리 실제 신생아들은

TV에
나오는
아기

① 사실은 갓난아기가 아니라
몇 개월이 지나 살이 오른
아기들이다.

② 머리 모양이 둥글다.

③ 피부도 화사하고 매끄럽다.

④ 밝은 표정과 귀여운 몸짓을
한다.

⑤ 신호에 따라 연기까지 한다.

⑥ 방송이다 보니 옷으로
중요한 부분을 가린다.

예쁘거나 점잖지만은 않다.

쪽 부위는 원을 그리며 문지르면서 가볍게 위쪽으로 올려준다. 단단하게 뭉친 근육은 테니스공을 이용해 이완시켜도 좋다. 목과 어깨의 긴장도 함께 풀어주고 얼굴 근육도 마사지하면 좋다.

찜질을 한다 | 이마에는 찬 수건을 대고, 통증을 느끼는 허리에는 따뜻한 수건을 대준다. 긴 양말에 쌀을 채워 전자레인지에 데우면 온찜질팩, 냉동실에 넣었다 빼면 냉찜질팩이 된다. 자동판매기에서 차가운 음료를 뽑아 냉찜질을 해도 좋다.

　따뜻한 물로 샤워를 해도 효과가 매우 좋다. 샤워실에 출산보조공 같은 것을 가지고 들어가 그 위에 앉아 샤워를 한다.

자세를 바꾼다 | 중력의 도움을 받아 아기가 다른 위치로 움직이도록 한다. 오래 전 인류는 아기를 낳을 때 들판에 쪼그리고 앉거나 나무에 기대서, 아니면 손과 발을 다 땅에 짚고 엎드려서 낳았을지도 모른다.

- 바닥에 쪼그려 앉으면 골반이 넓게 벌어지고 아기를 아래로 내려오도록 하는 데 도움이 된다.
- 손과 무릎을 바닥에 대고 엎드리면 허리에 부담이 덜 간다.
- 남편의 허벅지 사이로 상체를 넣고 팔을 양쪽으로 걸치면 통증이 줄어든다.
- 선 채로 남편에게 몸을 걸치고 허리근육을 쭉 편다. 또는 막대기에 매달리거나 안전하게 닫아둔 문에 끈을 묶어서 붙잡고 쪼그려 앉거나 몸을 좌우로 흔들어준다.
- 욕조에 따뜻한 물을 받고 몸을 담근다.

- 옆으로 누워본다. 등을 바닥에 대고 눕지는 않는다. 흔들의자에 앉거나 화장실 의자에 앉으면 편하다.

진통제에 대한 상식

의사와 상의해 진통제를 사용할 수도 있다. 진통제를 사용하면 다음과 같은 장점들이 있다.

- 진통제는 스트레스와 두려움을 줄여준다. 이 두 가지는 출산과정을 방해하는 요소다.
- 아이를 밀어내는 데 써야 할 힘을 다른 데 소모하지 않도록 해준다.
- 유도분만을 하는 경우 자궁수축이 강하게 오기 때문에 진통제를 써야 한다.

진통을 위한 약물의 종류와 효과에 대해서도 알아두면 좋다.

모르핀 | 주로 조기진통에 사용한다.

장점 : 통증은 줄어들지만 근육기능에는 영향을 주지 않으므로 서서 돌아다닐 수 있다.

단점 : 모르핀은 태반을 거쳐 아기에게 흡수돼 아기를 졸리게 만들기도 한다. 이렇게 되면 분만이 오래 걸릴 수 있다.

경막외마취 | 척추에서 뻗어 나와 자궁으로 들어가는 신경 부분을 마취시킨다. 등에 정맥주사 같은 주사바늘과 관을 꽂는다.

장점 : 주사를 꽂아두고 마취제의 양을 조절할 수 있다.

단점 : 마취제가 근육에도 영향을 미쳐 일어서거나 걸어다닐 수 없다. 자세를 바꿀 수

도, 화장실에 갈 수도 없다.

척수마취 | 주로 수술을 위해 사용되는 마취법이다. 경막외마취와 마찬가지로 자궁으로 들어가는 신경을 마취한다.

장점 : 관을 꽂아두지 않고 주사 한 방으로 끝이다. 제왕절개에 적합하며 매우 안전하다.

단점 : 지속시간이 길지 않고 보통 한두 시간 정도 걸린다.

미추 신경공 차단, 새들마취, 음부신경 차단술 | 이 마취 방법을 사용하면 산도의 가장자리 통증이 많이 줄어든다.

장점 : 아기 머리가 나오는 동안 통증이 견딜 수 없을 정도로 심하거나 응급상황에서 출산을 할 때 유용하다.

단점 : 효과가 오래 가지는 않지만, 이 마취가 필요할 때는 이미 효과가 오래 갈 필요도 없는 상황이다.

전신마취 | 최근에는 전신마취가 필요한 경우가 적어졌지만 갑자기 제왕절개를 하거나 경막외마취, 척수마취를 할 만한 시간적 여유가 없는 응급상황에 사용한다.

장점 : 의료진이 전신마취가 필요한 상황이라는 판단을 내렸다면 이 방법이 가장 안전하다. 의사의 설명을 잘 듣고 믿고 따른다.

단점 : 분만 동안 의식이 없다. 약물이 태반을 넘어 들어가 아기가 태어나고 나서도 한동안 잠에 빠져 있을 수 있다.

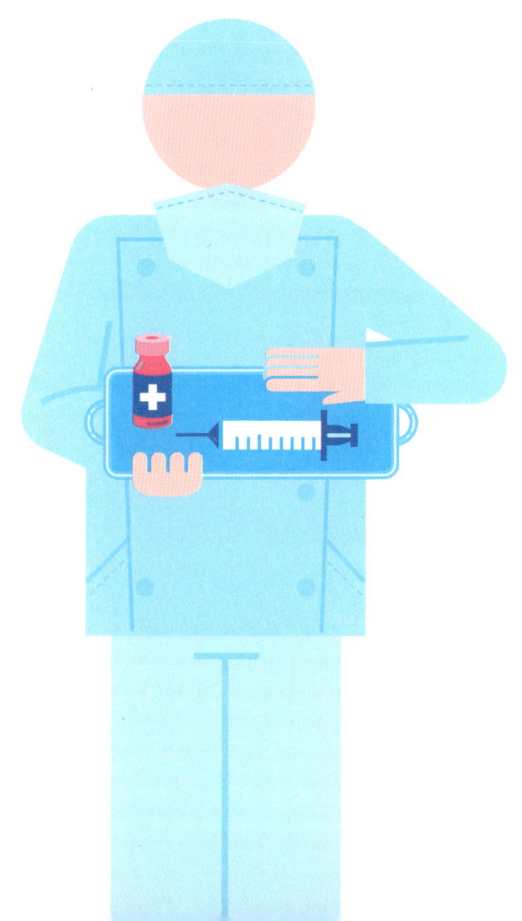

분만실에 들어갔을 때

친구나 주변사람들로부터 출산에 대한 이야기를 아무리 많이 들었더라도 미처 다 듣지 못한 것들도 많다. 아마 이 글을 읽고 있는 사람도 1년 정도 지난 후에는 출산과정에서 벌어진 일들이 다 생각나지 않을 것이다. 아기를 낳은 사람들로부터도 듣지 못한 놓치기 쉬운 팁을 정리해보았다.

1 반드시 미리 좀 먹어둔다. 쫄쫄 굶은 채 힘든 분만과정을 견디려면 힘들다. 반드시 체력이 있어야 한다.

2 그러나 과식하면 안 된다. 자궁은 거대한 근육덩어리로, 규칙적으로 수축하며 몸속의 산소와 영양분을 모두 끌어다 쓴다. 따라서 너무 많이 먹거나 소화가 잘 안 되는 음식을 먹으면 구역질이 난다. 만약 제왕절개 수술을 하는 경우, 구토를 하거나 음식물이 폐로 넘어가면 위험하다. 이 경우 엄마가 사망할 수 있으므로 주의한다.

3 먹고 싶은 음식을 먹는다. 국이나 국수, 과자, 물, 스포츠음료 등 다 좋다. 입원 후 금식을 해야 한다면 차를 타고 가면서, 혹은 분만실로 가는 엘리베이터 안에서 좀 먹는다.

4 분만이 시작되면 얼음조각이나 사탕같이 찌꺼기가 없는 음식만 먹는다.

5 수분을 충분히 보충한다. 출산을 하다 보면 몸에서 수분이 많이 빠져나간다.

6 2기 동안 아이를 밀어낼 때 힘을 뺀다.

- 몸의 리듬에 맞춰 수축이 일어날 때 밀어낸다.
- 얼굴 근육에 힘을 빼고 어금니를 꽉 물지 않도록 한다. 얼굴근육으로 아기를 낳는 것이 아니므로 아랫배 밑으로만 힘을 준다. 얼굴에 힘을 주면 눈과 얼굴의 혈관이 터지기도 한다.
- 숨을 참지 않는다. 아기에게 산소가 계속 가야 한다. 아기 역시 힘든 분만과정을 거치고 있다.

아기를 병원에서 낳든, 조산원이나 집에서 낳든 목표는 엄마도 아이도 건강한 것이다. 이상적인 상황이라면 아무런 의학적인 도움 없이도 출산과정이 진행된다.

가끔 빠르게 조치해야 하는 경우가 있다. 아기가 거꾸로 있거나 너무 큰 경우, 양수의 양이 적거나 전치태반인 경우, 예정일이 많이 지나서 출산하는 산모처럼 의사가 위험성을 미리 알고 있는 경우들이다.

하지만 아기가 태변을 보는 경우, 아기가 스트레스를 많이 받거나 심박수가 떨어지는 경우, 머리가 나오고 나서 어깨가 걸려 못 나오는 경우, 출산과정이 진행되지 않고 정체되거나 엄마가 너무 지치는 등 미리 예상할 수 없는 상황도 있다.

의사들은 각각의 경우에 어떤 조치를 취해야 하는지 잘 알고 있으므로 너무 걱정하지 않아도 된다. 다음은 출산과정이 잘 진행되도록 의료진이 사용하는 방법들이다.

양막 박리 | 이 과정을 통해 양막과 자궁경부가 분리되면서 프로스타글란딘이 분비돼 자궁경부가 부드러워지고 자궁이 수축된다.

자궁경부 숙화 | 프로스타글란딘을 함유한 약물을 사용하면 자궁경부가 부드러워져서 분만이 유도된다.

양막 절개 | 긴 플라스틱 고리를 삽입해 양막을 터뜨린다. 그러면 아기 머리가 직접 자궁경부를 눌러 부드러워지고 얇아지면서 자궁문이 빨리 열린다.

유도분만 | 이미 출산예정일이 지났거나 아직 아기가 나올 기미가 안 보이지만 출산을 해야 하는 경우, 혹은 출산이 지연되는 경우(아기가 스트레스를 받거나 산소가 부족할 때) 정맥을 통해 피토신이라는 약물을 주입한다. 이 약물은 옥시토신이라는 호르몬을 인공적으로 합성한 것으로, 이 약을 맞으면 분만이 유도된다.

회음부 절개 | 회음부 절개를 하면 아기 머리가 더 빨리 빠져나올 공간이 생긴다. 아기에게 공급되는 산소가 부족할 때 더 도움이 된다. 회음 부위에 국소 마취를 한 다음 질 입구에서 항문 쪽으로 가위를 이용해 깔끔하게 절개한다. 이 부위를 절개하면 아기 머리가 나오다가 찢어질 확률이 줄어든다.

 의사의 한마디

무조건 회음부 절개를 하면 안 되지만 아기와 엄마 모두에게 도움이 되는 경우가 있다. 아기 머리가 나오는 순간까지는 누구에게 이 방법이 필요한지 알 수 없다. 때문에 회음부 절개를 절대 하지 않겠다면 다시 생각해보는 것이 좋다. 분만과정에서는 생각하지 못한 상황이 생길 수 있으므로 회음부 절개가 필요할 때는 의사의 권유에 따르는 것이 좋다.

겸자분만 또는 흡입분만 | 이 두 방법은 아기를 산도 밖으로 꺼내는 데 유용하다. 엄마가 힘을 주어도 더 이상 분만이 진행되지 않는다면 아기의 자세, 산도에서 얼마나 내려왔는지에 따라 의사가 겸자나 진공흡입 등의 방법으로 아기를 살짝 당겨 도움을 주는 편이 안전하다.

겸자는 아기 머리를 감싸는 커다란 숟가락 같은 도구다. 의사가 숟가락 손잡이를 당겨 분만을 돕는다. 흡입분만 역시 같은 방법으로 진행하는데, 아기 머리 꼭대기에 작은 흡입구를 대고 빨아들인다.

겸자나 흡입구가 들어갈 자리를 마련하기 위해 회음부를 절개해야 한다. 이 장비들은 아기가 스트레스를 받았거나 빨리 분만을 해야 하는 경우에 사용한다. 이런 도구를 사용하는 것이 싫을 수도 있지만, 잘 사용하면 생명을 구하고 경우에 따라 제왕절개 수술을 하지 않도록 도와준다.

제왕절개 | 제왕절개는 수술실에서 하는 정식 수술이다. 경막외마취나 척수마취, 전신마취를 한 후에 의사가 비키니라인을 따라 가로로 배를 절개한다. 그 안의 자궁을 또 절개해 아기와 태반을 꺼낸다. 당기고 누르는 느낌은 있지만 통증은 없다.

보통 남편들은 소독한 수술복을 입고 들어와 있게 해준다. 엄마와 아빠가 수술 부위를 볼 수 없도록 천으로 시야를 가려놓는데, 경막외마취나 척수마취를 하는 경우 엄마는 모든 과정이 진행되는 동안 의식이 있다. 수술 후에는 자연분만을 한 산모들보다 회복기간이 더 많이 필요하다. 자연분만을 하면 보통 2박 3일, 제왕절개 수술을 하면 5박 6일 입원한다.

 의사의 한마디

아기가 분만과정을 잘 견뎌내고 있는지 알아보기 위해 체크할 수 있는 것은 태아의 심장박동뿐이다. 이제는 제왕절개 수술이 안전해졌으므로 아기의 심장박동이 좋지 못하다면 아기의 건강을 위해 망설이지 않고 제왕절개를 결정하는 것이 바람직하다.

소중한 순간 사진으로 남기기

아기가 태어나는 중요한 순간을 사진으로 남기고 싶다면 미리 카메라를 준비한다. 필름카메라나 디지털카메라, 핸드폰 등 손에 들기 편하고 사용법도 쉬운 것이 좋다.

1 가방 깊숙한 곳에 카메라를 넣지 않는다.

2 주로 쓰는 카메라가 고장이 나거나 배터리가 부족한 경우에 대비해 비상 카메라까지 준비하면 더 좋다.

3 아내와 미리 상의해 나중에 아이에게 남겨주기 위해 꼭 찍어야 할 사진과 절대 찍어서는 안 될 장면을 정한다.

- 사진에 부부가 함께 나와야 할까, 아기가 나올 때 손을 잡아주면 좋을까, 포즈를 잡고 사진을 찍을까 등을 결정한다. 부부가 가까이 기대서 사진을 찍으려면 간호사에게 부탁한다.
- 분만과정을 동영상으로 찍고 싶은지도 정한다.
- 아기 낳는 순간을 나중에도 반복해서 보고 싶은지 정한다. 아니면 너무 영상에 기억을 의존하는 것을 싫어하는 엄마들은 기억으로만 그 순간을 떠올리고 싶은 경우도 있다. 예비엄마, 예비아빠가 기억하고 싶은 수단을 함께 정한다.

4 마지막으로 아기를 낳고 주변 상황이 정리되면 간호사에게 부탁해 가족사진을 찍는다. 엄마나 아빠, 아기가 다 따로 있는 사진만 찍지 말고 엄마와 아기도 함께 찍고 가족이 모두 나오는 사진까지 여러 장 찍는다.

 알아두세요

미처 카메라를 준비하지 못했더라도 너무 당황할 필요는 없다. 귀엽고 작은 아기가 커가는 모습을 앞으로 수없이 많이 찍어줄 수 있다.

 아빠만 보세요

초보엄마와 아빠에게 분만과 출산, 아기의 탄생은 신체적·정신적으로 매우 중요한 경험이다. 아기가 태어나는 순간, 감동의 눈물을 흘리는 아빠들이 많지만 엄마들은 긴 시련을 겪고 나서 몸과 마음을 추스를 시간이 필요하다.

처음 겪는 이런 감정의 변화에 당황하지 않는다. 어떻게 보면 엄마에게 출산은 고통으로 가득 찬 과정이다. 엄마가 다른 사람들과 기쁨을 나누기 전에 좀 쉴 시간이 필요하다고 하면 방해하지 않는다.

**행복한 가족사진에
들어가는 사람들이다.**

1 엄마

2 아빠

3 귀여운 아기

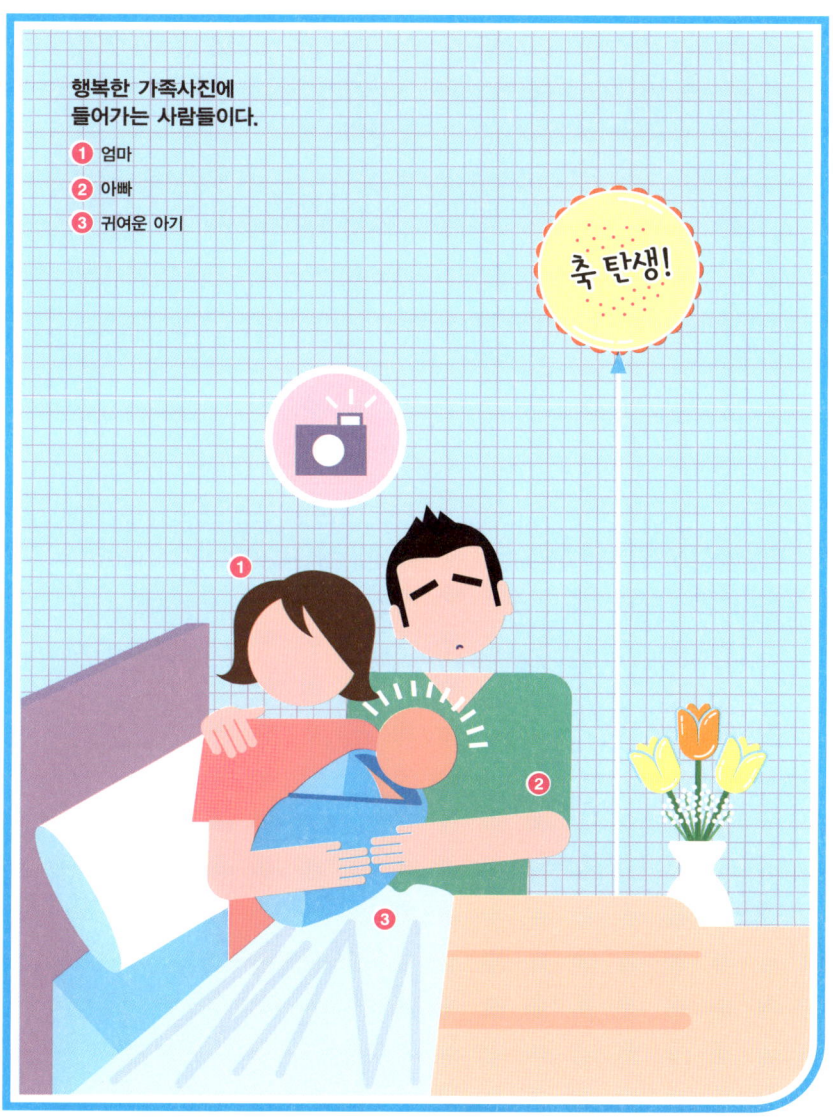

축 탄생!

[Chapter 8]

이제 엄마랍니다!

WELCOME

아기를 낳고 나면 엄마는 몸은 지쳐 있지만 행복해진다. 그동안 그렇게 기다리던 아기가 지금 바로 눈앞에 있다는 생각에 마음이 벅차오르는 순간이다. 가능하면 이 행복한 순간을 마음껏 누린다.

하지만 아기가 세상에 나와 잘 견뎌내고 있는지 알아보기 위해 바쁘게 움직이는 의료진의 모습에 놀랄지도 모른다. 병원마다 조금씩 다르지만 아기가 태어난 후에는 여러 가지 검사를 한다. 집이나 조산원에서 출산을 한 경우에도 생후 며칠 안에 소아과에서 검사를 받아야 한다.

반갑다, 아가야!

아기가 태어나면 몇 가지 절차가 정해진 대로 신속하게 이루어진다. 엄마는 아무 걱정 말고 편히 있도록 한다. 간호사들이 모든 절차를 진행시키는 동시에 산모가 편히 쉴 수 있도록 도와준다.

흡입 | 아기 머리가 산도 밖으로 나오면 둥근 주사기 같은 장치로 코와 입 안의 액체를 흡입해낸다. 이 과정 때문에 엄마에게 잠깐 아기를 밀어내지 말고 기다리라고 지시할 수도 있다. 아기가 완전히 밖으로 나오면 탯줄을 집게로 집고 자른 다음에 다시 한 번 흡입한다.

엄마에게 안기기 | 아기를 낳자마자 엄마에게 잠시 주어 배를 맞대고 안고 있도록 한다. 아기와 처음으로 살을 맞대는 시간이다.

탯줄 자르기 | 탯줄의 두 부분을 집게로 고정시킨 후 그 사이를 의사가 자른

다. 아빠나 다른 가족이 자르도록 하기도 한다.

자연분만을 한 경우 아기에게 마지막으로 혈액을 더 보내주기 위해 잠시 기다렸다가 탯줄을 자르기도 한다. 그러나 상황에 따라 빨리 자를 수도 있다. 아기가 태변을 먹었거나 반응이 없을 때는 얼른 탯줄을 자르고 빨리 아기를 소아과 의사에게 진료하도록 한다.

아기 배 쪽으로 남은 작은 조각은 잘 다듬어서 플라스틱 집게로 집은 다음 소독약으로 닦아준다. 일주일에서 열흘 정도 후 배꼽이 떨어질 때까지는 이 부분을 기저귀를 갈 때마다 소독한다. 간호사가 어떻게 하는지 자세히 알려준다.

 알아두세요

제왕절개를 했을 때는 소독한 수술 부위가 오염되면 안 되므로 아빠가 탯줄을 자를 수 없는 경우도 있다. 이때는 나중에 아기를 따로 눕혀둔 곳에 가서 잘라둔 배꼽 부위를 조금 더 잘라보게 해주기도 한다.

아프가 점수 | 마취과 의사인 버지니아 아프가(Virginia Apgar) 박사의 이름을 딴 검사다. 신생아의 건강을 평가하기 위해 출생 후 1분 안에 한 번 검사하고, 5분 후에 다시 한 번 한다. 의사가 아기의 심장박동, 호흡, 근육 긴장도, 반사 신경, 피부색을 관찰해 각각의 항목에 0(최저)에서 2(최고) 사이의 점수를 매긴다.

모유수유 | 모유수유를 하기로 했다면 아기를 낳자마자 바로 젖을 물린다. 처음에는 아주 잠깐 빨다 그만두지만 아기는 이 짧은 순간을 기억해놓았다가 나중에는 젖을 더 잘 빨게 된다.

그밖에도 몇 가지 장점이 있다. 우선 모유를 먹이면 자궁이 잘 수축되고, 태반도 잘 나온다. 초보엄마라면 간호사가 수유 자세를 잘 잡도록 도와준다.

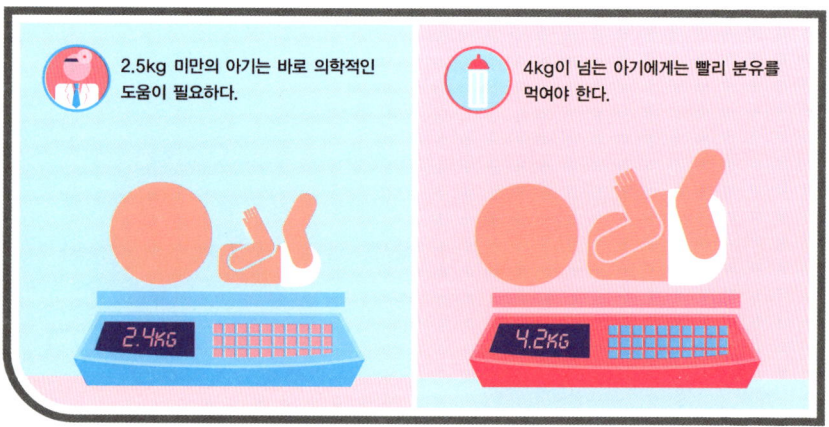

2.5kg 미만의 아기는 바로 의학적인 도움이 필요하다.

4kg이 넘는 아기에게는 빨리 분유를 먹여야 한다.

신체검사 | 태어난 아기는 머리부터 발끝까지 검사를 받는다. 먼저 몸무게와 키를 잰다. 드디어 처음으로 항상 구부리고 있던 몸을 펴보는 순간이다.

 주의

아기가 2.5kg 미만이면 저체중아이므로 바로 적당한 조치가 필요하다. 4kg이 넘는 큰 아기 역시 칼로리 섭취 부분에 대해 특별한 관리를 받는다. 이런 아기들은 몸속의 당분을 빨리 소모하므로 바로 젖을 물리거나 분유를 타서 먹인다.

항생제 안약 | 간호사가 아기에게 임질이 전염되지 않도록 아기 눈에 연고 형태의 항생제 안약을 바른다. 임질은 실명을 일으킬 수 있는 위험한 질병이므로 모든 아기에게 항생제를 사용한다.

발바닥 도장·팔찌 | 아기의 발바닥 도장을 찍고 아기가 바뀌지 않도록 아기와 엄마에게 신원 정보가 기록된 팔찌를 채운다. 이 팔찌를 퇴원 후에도 버리지 않고 간직하면 좋은 기념품이 된다. 몇 개월 또는 몇 년 후에 이 팔찌를 보면 아기 팔목이 얼마나 가늘었었는지 깜짝 놀란다.

비타민 K 주사 | 갓 태어난 아기에게는 혈액이 굳는 데 필요한 비타민 K가 없다. 때문에 신생아 출혈성 질환이 생기지 않도록 아기 몸에 충분한 양의 비타민 K가 쌓일 때까지는 주사로 보충해준다.

채혈 | 저혈당증이 아닌지 혈액 검사를 해야 하는 아기들도 있다. 피는 보통

발뒤꿈치에서 조금 뺀다. 특정 혈액형을 가진 엄마에게서 태어난 아기들 역시 혈액 검사를 통해 아기 자신의 적혈구에 대항하는 항체가 없는지 봐야 한다.

엄마 품에 안기기 전의 과정

태어난 아기는 의료진이 아기가 자궁 밖의 환경에 잘 적응하는지 확인하기 위해 출산 후 4시간 정도까지 곁에 두고 관찰한다.

- 간호사들이 아기의 호흡수, 체온, 심혈관계 기능을 수시로 체크한다.
- 피부색 변화나 호흡 변화를 모니터한다.
- 아기를 제왕절개로 낳았다면 아기 호흡에 문제가 있을 수 있다. 자연분만한 아기는 산도를 빠져나오는 동안 폐에 차 있던 양수가 없어지는데, 이 과정을 거치지 않기 때문이다. 의료진이 며칠 동안 아기의 폐 속에 있는 양수가 없어지는지 검사한다.
- 아기를 잘 씻기고 속싸개로 꼭 감싸놓는다.
- 부모가 동의하면 B형간염 예방접종을 한다. B형간염 접종도 보통 퇴원하기 전에 한다.

아기가 처음으로 받는 검사

세상에 나온 지 이제 몇 시간밖에 되지 않았지만 아기는 여러 가지 검사를 받는다. 입원 기간에 따라 약간씩 다르지만 검사는 대개 자연분만의 경우 하루나 이틀, 제왕절개의 경우 5일 안에 받는다. 다음은 병원에 있는 동안 받는 검사들이다.

1 아기의 피를 채취해서 갑상선기능 저하증, 이상혈색소증, 내분비, 아미노산, 요소 회로, 지방산 산화, 유기산 관련 질환, 비오틴 분해효소 결핍 등의 질환 여부를 검사한다.

검사실에서 혈액 검사 결과를 부모와 병원, 소아과 담당의사에게 보내준다. 이 검사는 아미노산 질환 여부를 보는 것이므로 '페닐케톤뇨증 검사'라고 부르지만 그 밖의 여러 가지 항목을 같이 검사한다.

2 아기의 청력을 검사한다. 조용한 장소에서 아기의 귀에 작은 헤드폰을 끼워 놓고 소리 크기에 따른 아기의 반응을 관찰한다.

3 아기가 황달 증상을 보이거나 얼굴이 노랗다면 고 빌리루빈 혈증이 의심된다. 이 질환에 걸린 아기들은 간에서 빌리루빈을 제대로 제거하지 못한다. 빌리루빈은 적혈구가 분해된 산물로, 태어나기 전까지는 태반에서 분해를 담당한다. 빌리루빈 검사를 통해 신경학적인 이상이 없는지도 본다.

빌리루빈 농도가 높을 때는 광선 치료를 하기도 한다. 황달을 줄여주는 빛을 쐬어주는 치료다.

출산 후의 궁금증

1 아기를 병실에 데리고 있는 모자동실(p.223 참고)을 쓸 것인지, 신생아실에 아기를 맡길 것인지 결정한다.

2 간호사들이 수시로 아기의 바이탈 사인을 측정하고, 건강 상태를 살피며, 체중을 재는 등 아무 문제가 없는지 점검한다. 이때 아기들은 처음 며칠은 체중이 줄어들다가 다시 늘어나기 시작한다는 사실을 알아두자. 이상적으로는 아기가 출산할 때의 체중에서 10% 이상 빠지지 않는 것이 좋다.

3 모유를 먹이기로 했다면 두세 시간 간격으로 아기에게 젖을 물린다(p.225 참고). 제왕절개 등으로 병원에 며칠 더 있게 된다면 분만한 병원에서 여는 모유수유교실에 참가해도 좋다.

4 간호사에게 병원에서 신생아 돌보는 방법을 가르쳐주는 수업이 있는지 확인한다. 이 수업에 참가하면 아기를 목욕시키는 법, 기저귀 가는 법, 배꼽 소독하는 법, 제왕절개한 상처를 관리하는 법 등을 배울 수 있다. 특히 초보엄마들은 이 수업을 들으면 집에 가서 혼자 아기를 돌봐야 할 때 큰 도움이 된다. 이제야 비로소 부모가 된 실감이 나는 시기다!

5 엄마와 아빠가 아기에게 신생아 포경수술을 해주기로 했다면 병원에 입원해있는 동안 소아과나 산부인과 의사가 시술한다. 신생아 포경수술은 반드시해야 하는 것은 아니다. 아이가 좀 큰 다음에 하는 경우가 많고 아예 포경수술 자체를 반대하는 사람도 많다. 포경수술을 할 때는 아기 생식기 기저부에 국소 마취를 하고 아기에게 글루코오스를 준 다음, 자를 부위에 마취 크림을 바르고 시술한다. 상처 부위에 바셀린이나 연고를 잘 바르면 일주일정도 지나 완전히 낫는다.

6 아기가 태어나 병원에 입원해 있는 동안 아기 사진을 찍어주는 병원이 많다.

7 가능하면 입원해 있는 동안에 아기 이름에 대해서도 생각해본다. 우리나라의 경우 출생신고는 태어난 지 30일 이내에 하도록 되어 있다. 아기 이름을 고민하면서 미루다보면 금세 출생신고 기간이 끝나간다.

모자동실

갓난아기일수록 엄마와 많은 시간을 보내는 것이 좋으므로 엄마와 아기가 건강하다면 모자동실을 쓰는 것이 좋다. 물론 아기와 엄마의 건강에 이상이 없을 때 모자동실이 가능하다.

- 엄마가 푹 쉬고 싶다면 언제든지 아기를 신생아실에 맡길 수 있다.
- 모유수유를 할 생각이라면 밤새 아기와 같이 있도록 한다. 모유 분비를 촉진하는 프로락틴이라는 호르몬은 밤에 농도가 가장 높다. 아기가 잘 깨어 있고 프로락틴 농도가 높은 밤에 모유수유를 시작하는 것이 효과적이다.
- 아기가 배고파 우는데 그 사실을 모르고 쿨쿨 자버릴까봐 걱정할 필요는 없다. 엄마는 아무리 피곤해도 아기의 울음소리와 움직임에 민감하게 반응한다.
- 아기가 자는 시간에 함께 자서 에너지를 아낀다. 친구와 가족은 나중에 방문하도록 한다.
- 모유수유를 하려고 하는데, 아기가 신생아실에 있는 동안 분유를 먹일까봐 걱정된다면 신생아실 간호사에게 이야기한다.
- 엄마가 입원해 있는 이유는 잘 쉬고 빨리 회복하기 위해서다. 자꾸 잠을 잔다고 죄책감을 느낄 필요가 없다. 병원에 있는 동안 몸을 조금이라도 더 회

복해야 집에 가서 아기를 잘 돌볼 수 있다.

집에 가서도 가능하면 시간을 효과적으로 이용한다. 보통 엄마들은 아기가 잠을 자면 그 시간에 집을 치우고, 설거지를 하고, 아기에게 선물을 준 사람들에게 편지를 쓴다. 아기가 잘 때는 엄마도 같이 자는 것이 좋다. 출산 후 몸이 다 회복되지 않은 상태에서 무리하면 아기를 돌볼 때 체력이 부족해서 힘들다. 아기가 깨기 전에 눈을 떴다면 그 시간을 활용해 집안 정리나 설거지 등을 한다.

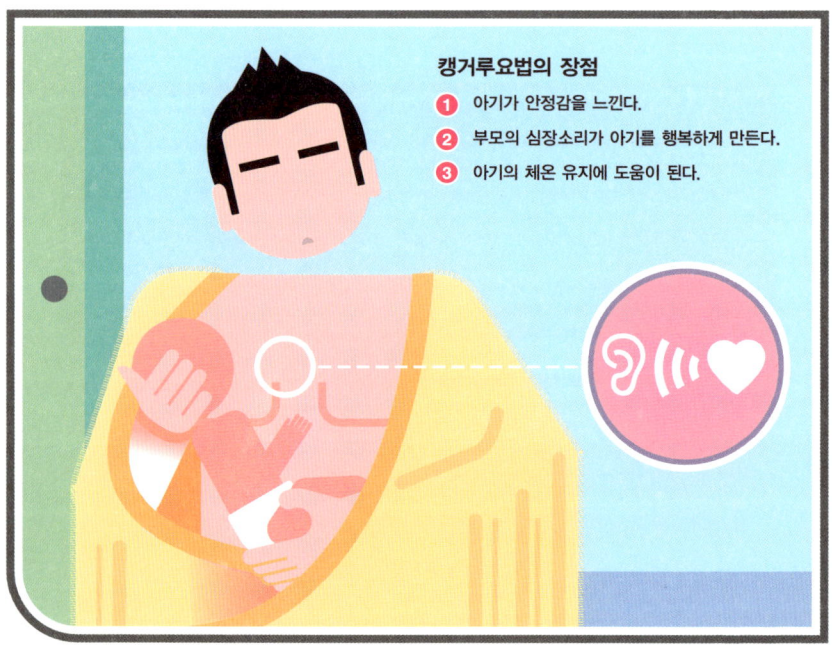

알아두세요

모자동실을 쓰는 동안 캥거루요법을 이용하면 엄마와 아기 사이가 더 가까워진다. 아기는 지난 9개월 동안 엄마의 뱃속에 있었기 때문에 갑자기 엄마에게서 떨어져 지내는 생활이 낯설기만 하다.

때문에 아기를 싸개로 꽁꽁 싸서 방구석의 플라스틱 요람에 두기보다는 기저귀만 채우고 다 벗긴 다음 엄마의 맨살과 아기의 살이 닿게 안아주고 담요를 덮어주면 좋다. 엄마의 심장소리와 목소리를 듣고, 엄마의 살 냄새를 맡으면 아기가 안정된다. 아기가 배가 고프면 그 자세 그대로 가슴으로 파고든다. 이 방법은 엄마의 체온이 아기에게 전달돼 체온조절에도 도움을 준다. 아빠 역시 이렇게 하면 아기와 정이 깊어진다.

모유수유에 성공하는 요령

모유수유를 하기로 결심했다면(소아과 의사들은 모유수유를 적극 권장한다) 아기가 태어나자마자 시작한다. 의학적으로도 바로 수유를 하는 것이 엄마와 아기 모두에게 좋다. 젖을 빨면 뇌에서 옥시토신이 활발히 분비돼 자궁이 잘 수축되고 출혈량이 적어진다.

- 처음에는 초유가 나온다. 농도가 진하고 노란빛을 띠는 초유는 칼로리가 높고 영양소도 풍부하며 엄마에게서 나온 항체가 많이 들어 있다.
- 처음에는 젖 먹는 데 관심이 없는 아기들도 있다. 첫 하루 이틀 정도는 폐에서 양수가 빠져나가기 때문에 계속 기침, 재채기를 하고 콧물을 흘리기도 한다. 아기가 먹을 준비를 마치면 머리를 엄마 쪽으로 향하고 빨아먹는 시능을 한다.

- 며칠 동안 젖을 물리면 젖이 돌기 시작하는 것이 느껴진다. 아기가 먹으려고 할 때마다 젖을 준다. 보통 두세 시간 간격으로 먹이게 된다.
- 처음에는 한쪽 젖에 30분 정도 빨린다.
- 모유수유를 하는 엄마들은 모유 양이 부족할까봐 걱정하는 경우가 많다. 하지만 아기가 자꾸 먹고 엄마가 그때마다 주다보면 양이 저절로 아기에 맞게 조절된다.
- 아기 몸무게가 출생 시보다 10% 이상 줄었다면 분유를 같이 먹일지 결정한

다. 그러나 아기 몸무게가 괜찮다면 모유만 준다.

- 젖병으로 먹는 갓난아기들 역시 먹고 싶어 할 때마다 분유를 준다. 모유보다 분유가 소화시간이 더 길기 때문에 먹는 간격도 길다. 분유를 먹이는 경우 밤 시간에는 아빠나 다른 가족이 도와주면 좋다. 몸이 회복 중인 엄마가 두세 시간 간격으로 계속 잠에서 깨려면 힘들다.

 알아두세요

엄마들이 처음부터 아기에게 젖을 잘 먹이는 것은 아니다. 특히 초보엄마는 아기를 안는 법, 젖 먹이는 자세, 수유기간에 생기는 문제 등에 대해 전문가나 간호사의 도움을 받는다. 퇴원하기 전 수유 교육을 해주고, 집에 간 후에도 전화로 수유에 대한 궁금증을 풀어주는 서비스를 제공하는 병원이 많다. 가능하면 출산 전에 모유수유교실에 다니면 좋다.

아가야, 집에 가자!

병원을 떠나 집으로 가려는 순간, 기분이 좋으면서도 걱정이 되기 시작한다. 아기를 데리고 빨리 집에 가서 편하게 지내고 싶지만 다른 한편으로 이제는 혼자 아기를 돌봐야 한다는 생각에 두렵다.

하지만 너무 걱정하지 않는다. 많은 엄마들이 같은 걱정을 안고 퇴원하지만 잘 해낸다.

- 병원에서 퇴원 후의 주의사항을 자세히 알려준다. 제왕절개 부위를 소독하는 요령이나 회음부 회복을 위해 좌욕하는 법, 아기 배꼽을 소독하는 요령

등이 그것이다.

- 병원에 따라 직원, 의사가 엄마와 아기를 차까지 바래다주는 곳도 있다. 아기를 태울 차에는 유아용 카시트가 미리 설치돼 있어야 한다.

산후회복 과정에서 나타나는 증상

움직임 제한 | 자연분만 후 자궁경부가 닫히려면 시간이 좀 걸린다. 자궁 감염을 예방하기 위해 출산 4~6주 후 산후 검진을 할 때까지 많이 움직이지 않는 것이 좋다. 성교나 탕 목욕, 수영 등은 당분간 자제하는 것이 좋다.

회음부 상처 | 회음부 절개를 한 부분은 1~2주 내에 아문다. 이 기간에 화장실에 가면 화장지에 작은 실밥이 묻어나올 수 있다. 녹아서 떨어져 나온 흡수성 실이니 안심해도 된다.

통증 | 적어도 2주 정도는 아프고 불편한 느낌이 있다. 아기가 산도를 통해 지나가면서 척추와 엉덩이의 신경을 자극하고 골반을 지지하는 근육이 늘어나고 찢어지기 때문이다. 다 회복되는 데는 시간이 좀 걸린다.

어깨와 다리가 아프고 심지어 다리에 감각 이상이 생기는 사람도 많다. 이 부위와 관련된 신경이 아기 머리에 눌렸기 때문이다. 이런 증상들은 정상적인 것으로, 출산 후 며칠에서 몇 주가 지나면 저절로 사라지므로 걱정할 필요 없다.

부기 | 우리 몸은 임신기간 동안 많은 물을 비축한다. 아기를 낳은 후 이 수분을 처리하는데, 대부분 2주에 걸쳐 소변으로 배출된다.

때문에 이 기간에는 몸이 많이 붓는데, 주로 발목과 발이 잘 붓는다. 퇴원해서 집에 돌아올 때쯤 가장 많이 부어 있다. 다리가 다른 사람들에 비해 비정상적으로 많이 부은 경우 혈전이 생길 수 있으므로 의사와 상의한다. 조금 붓는 정도는 괜찮다.

출혈 | 아기를 낳고 나면 '오로'라는 피가 나오는데, 양이 꽤 많다. 오로의 양은 서서히 줄어들며 완전히 멈추는 시기는 사람마다 많이 다르다. 며칠 지나면 출혈이 멎었다가 몇 주 동안 불규칙하게 피가 나오는 사람도 있고 피가 조금씩 계속 나오는 사람도 있다. 피의 양이 계속 많고 사과보다 큰 핏덩어리가 나온다면 다른 이상이 있지는 않은지 산부인과에 가본다.

생리주기 변화 | 모유수유를 하면 에스트로겐 생산이 억제되므로 생리를 하지 않는다. 가벼운 출혈이 불규칙하게 나타날 수는 있지만 주기적인 생리는 사라진다. 이것 역시 정상이다.
  하지만 생리가 없어도 임신이 가능하므로 주의한다. 의사와 피임 방법에 대해 상의한다. 이것을 차일피일 미루다가는 연년생 자녀를 보게 될 수도 있다.

요실금 | 아기를 낳으면 골반근육과 방광이 약간 내려앉기 때문에 방광에 불쾌한 압박감이 생긴다. 기침을 하고 웃거나 재채기를 해서 배에 힘이 들어가면 소변이 약간 샐 수도 있다. 이런 증상은 방광과 골반근육이 제 위치와 힘을 되찾으면서 낫는다. 케겔운동을 하면 회복이 더 빠르다(p.73 참고).

늘어진 뱃살 | 출산 후 늘어진 뱃살을 보면 우울해진다. 임신기간 동안 늘어났던 복부근육이 다시 제자리를 찾아가는 데는 4~6개월 정도 걸린다. 산후 정

기검진 날짜가 가까워지면 배가 많이 들어가기는 해도 출산 전 상태까지 돌아가려면 몇 개월 걸린다.

제왕절개 부위의 회복 | 수술 후 주의사항은 자연분만한 산모와 거의 같다. 다만, 절개 부위에 부담이 가지 않도록 무거운 물건을 들지 않는다. 13kg이 넘는 물건은 들면 안 된다. 계단은 천천히 올라가면 괜찮다. 큰아이를 데리고 다녀야 하는 엄마들도 많은데, 모든 일은 지나치지만 않으면 큰 문제없다.

몸이 회복되기 시작하는 첫 2주 동안은 컨디션이 좋았다가 나빠지기도 하므로 너무 민감하게 받아들이지 않는다.

이제 엄마랍니다!

아기를 데리고 집에 오면 새로운 인생이 시작된다. 예전과 같은 삶으로 돌아갈 수는 없다. 기저귀가 떨어지지 않게 미리 사두어야 하고, 밤 10시에는 잠자리에 들어야 하고, 기저귀를 갈고 트림을 시키는 데도 금세 익숙해진다. 또한 예전에는 관심이 없거나 경험하지 못했던 세계에 속하게 된다. 국제정치, 환경, 종교, 가족생활, 전통문화 등 나열하면 끝도 없다.

아기를 가슴에 안고 어르다 보면 '내 심장소리를 들으며 나에게 모든 것을 맡기고 편안하게 잠든 아기를 지켜주고 인도해줘야 한다'는 책임감을 뼛속 깊이 느끼게 된다. 이제 엄마, 아빠는 최소한 아기 인생의 초기 얼마 동안 아이의 세상을 만들어주는 역할을 해야 한다.

초보엄마에게 하루는 너무 길기만 하다. 오전 11시쯤 되면 왠지 저녁 같다. 아기에게 젖을 먹이느라 새벽에 깨기 때문이다. 아기를 즐겁게 해주느라고 온

갓 재롱을 떨다가 시계를 보면 겨우 7분 지났다는 사실에 절망한다.

가끔은 아이 때문에 모든 것이 바뀐 이 생활을 어떻게 다 견뎌낼까 싶어 걱정스럽다. 하지만 아이가 다섯 살이 되었을 때 한번 뒤돌아보면 시간이 쏜살같이 지나갔다는 느낌이 든다.

아기를 데리고 나가면 아는 사람이든 모르는 사람이든 다들 예쁘다며 쳐다본다.

아이의 젖니가 처음으로 빠질 때의 기분을 상상해보라. 이가 처음 돋아 올라올 때 마냥 신기하던 순간도 함께 떠오른다. 곧 나머지 젖니 19개가 하나씩 날 때마다의 기억도 이어진다.

아기가 꼬물꼬물 뭔가 물고 빨아도 예쁘기만 한 이 시기를 마음껏 즐기자. 아기가 점점 커가는 동안에도 순간순간 기쁨을 느낄 수 있지만 지금처럼 모든 것이 새롭고 아름답게 느껴지는 감동은 줄어든다.

다시 한 번 알아둬라. 공원에 아기를 데리고 나가면 할머니들이 하나같이 하는 말이 있다.

"지금이 좋을 때야. 진짜, 애들은 순식간에 큰다니까!"

맞는 말이다. 모든 일에 서툴고 서툰 것이 당연하지만 작고 귀여운 아기와 함께하는 순간순간을 소중히 여기고 행복을 마음껏 누리기를 바란다.

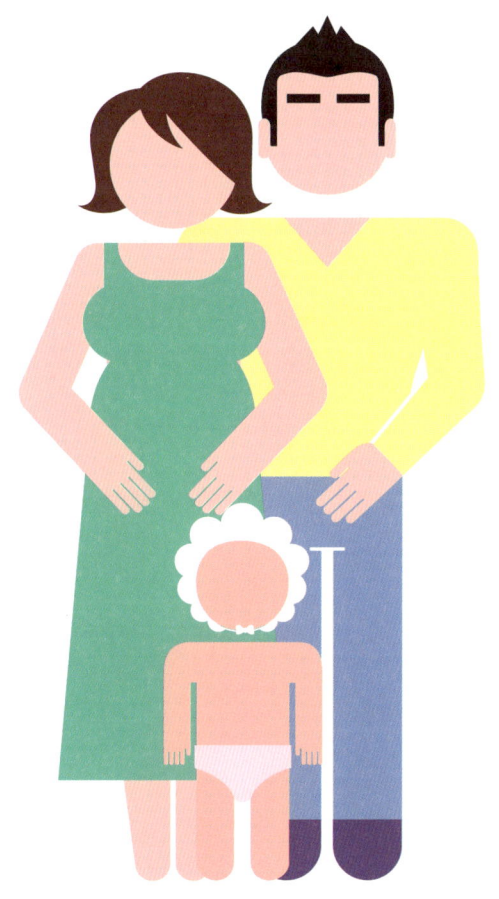

지은이

사라 조던(Sarah Jordan) 〈부모〉, 〈육아〉, 〈필라델피아 매거진〉, 〈필라델피아 인콰이어러〉 등 잡지와 신문에 글을 써 미국 잡지협회 상(National Magazine Award)을 받은 작가다. 〈최악의 상황에서 살아남는 법(육아편)〉과 〈최악의 상황에서 살아남는 법(결혼편)〉의 공저자이기도 하다. 남편과 두 아이와 함께 필라델피아에 살고 있다.

데이비드 우프버그(David Ufberg) 의학박사. 필라델피아 펜실베이니아 병원에 근무하는 산부인과 의사로, 펜실베이니아 보건대학의 임상 조교수다. 산부인과 관련 학술서를 여러 권 냈고 교육자로서 상도 많이 받았다. 가정적인 남편이며, 세 아이의 아버지인 동시에 아기 수천 명을 받은 의사이기도 하다.

일러스트레이터

폴 케플(Paul Kepple)·스카티 레이프스나이더(Scotty Reifsnyder) 필라델피아에 위치한 디자인 스튜디오 '헤드케이스 디자인'에서 활동하고 있다. 작품으로는 〈AIGA 365〉, 〈50가지 책과 표지 디자인〉, 〈아메리칸 일러스트레이션〉, 〈커뮤니케이션 아트〉, 〈프린트〉 등을 통해 볼 수 있다.

옮긴이

서예진 서울대학교 치의학과를 졸업하고 동대학원 석사 과정을 수료했다. 서울대병원 레지던트 과정 중에 논문과 의학 간행물의 번역을 주로 해왔고 현재는 의학 분야 전문 번역가로 활동하고 있다.
옮긴 책으로는 〈하버드 메디컬스쿨 가정의학 가이드〉, 〈우리 몸의 마에스트로 뇌〉, 〈브레인 다이어트〉, 〈수명 연장 방정식〉, 〈오디세우스처럼 돌파하라〉 외 다수가 있다.

• 리스컴이 펴낸 책들 •

그대로 따라하면 엄마가 해주시던 바로 그 맛
한복선의 엄마의 밥상

일상 반찬, 찌개와 국, 별미 요리, 한 그릇 요리, 김치 등 웬만한 요리 레시피는 다 들어 있어 기본 요리실력 다지기부터 매일 밥상 차리기까지 이 책 한 권이면 충분하다. 누구든지 그대로 따라 하기만 하면 엄마가 해주시던 바로 그 맛을 낼 수 있다.

한복선 지음 | 312쪽 | 188×245mm | 16,000원

에어프라이어로 다 된다
365일 에어프라이어 레시피

요리초보자도 에어프라이어를 200% 활용할 수 있도록 돕는 레시피북이다. 출출할 때 생각나는 간식부터 혼밥, 술안주, 디저트 & 베이킹, 근사한 파티요리까지 93가지 인기 메뉴를 담았다. 쉽고 빠르고 맛있는 에어프라이어 요리, 이 책 하나면 충분하다.

장연정 지음 | 184쪽 | 188×245mm | 13,000원

내 몸에 약이 되는 우리 음식
우리몸엔 죽이 좋다

맛있고 몸에 좋은 건강죽을 담은 책. 우리 음식의 대가 한복선 요리연구가가 오랜 노하우를 담아 전통 죽은 물론, 현대인에게 필요한 영양죽, 약재를 넣어 건강을 되찾아주는 약죽 등을 소개한다. 이 책과 함께라면 죽 전문점보다 더 맛있게 영양 만점 죽을 끓일 수 있다.

한복선 지음 | 152쪽 | 210×265mm | 12,000원

반찬이 필요 없는 한 끼
한 그릇 밥·국수

별다른 반찬 없이 맛있게 먹을 수 있는 한 그릇 요리책. 덮밥, 볶음밥, 비빔밥, 비빔국수, 뜨거운 국수, 차가운 국수, 파스타 등 쉽고 맛있는 밥과 국수 114가지를 소개한다. 재료 계량법, 밥 짓기, 국수 삶기, 국물 내기 등 기본기도 알려줘 요리 초보도 쉽게 만들 수 있다.

장연정 지음 | 256쪽 | 188×245mm | 14,000원

기초부터 응용까지 이 책 한권이면 끝!
한복선의 친절한 요리책

요리 초보자를 위해 대한민국 최고의 요리전문가 한복선 선생님이 나섰다. 칼 잡는 법부터 재료 손질, 맛내기까지 친절엄마처럼 꼼꼼하고 친절하게 알려주는 이 책에는 국, 찌개, 반찬, 한 그릇 요리 등 대표 가정요리 221가지 레시피가 들어 있다.

한복선 지음 | 308쪽 | 188×254mm | 15,000원

자연을 담은 건강식
우리 음식 비빔밥

여러 가지 재료가 어우러져 조화로운 맛을 내는 대표적인 한국 음식, 비빔밥. 영양이 풍부하고 칼로리가 낮아 건강식으로 주목받고 있다. 이 책은 기본 비빔밥에서부터 퓨전 비빔밥까지 쉽게 만들 수 있는 비빔밥 레시피를 소개한다.

전지영 지음 | 164쪽 | 188×245mm | 13,000원

우리 식탁엔 우리 음식
오늘의 밑반찬

주부들의 매일매일 밥상 차리기 고민을 덜어주는 밑반찬 요리책. 장조림, 마른반찬, 깻잎장아찌 등 대표 밑반찬과 슬로푸드 장아찌, 새콤달콤한 피클, 입맛 살리는 젓갈 75가지가 담겨 있다. 만들기 쉽고, 전통의 맛을 살린 레시피를 제안해 누구나 쉽게 만들 수 있다.

최승주 지음 | 152쪽 | 188×245mm | 12,000원

간편한 도시락은 다 모였다!
김밥·주먹밥·샌드위치

만들기 쉽고, 먹기 편한 도시락 메뉴 78가지를 소개한 책. 김밥, 주먹밥, 초밥, 캘리포니아 롤, 샌드위치 등이 모두 들어있다. 밥 짓기, 양념하기, 김밥 말기, 배합초 버무리기 등 기초 테크닉도 꼼꼼하게 알려준다. 아이들 간식, 나들이 도시락으로 응용하기에 좋다.

최승주 지음 | 136쪽 | 180×230mm | 10,000원

먹을수록 건강해진다!
나물로 차리는 건강밥상

생나물, 무침나물, 볶음나물 등 나물 레시피 107가지를 소개한다. 기본 나물부터 토속 나물까지 다양한 나물반찬과 비빔밥, 김밥, 파스타 등 나물로 만드는 별미 요리를 담았다. 메뉴마다 영양과 효능을 꼼꼼히 알려주고, 월별 제철 나물 캘린더, 나물요리의 기본 요령도 알려준다.

리스컴 편집부 | 160쪽 | 188×245mm | 12,000원

롤 전문 레스토랑 셰프들의 비법 따라잡기
캘리포니아 롤 & 스시

김밥이나 주먹밥을 만드는 것처럼 롤과 스시도 집에서 손쉽게 만들 수 있도록 전문점 셰프들의 비법을 그대로 공개했다. 재료와 소스의 조합에 따라 다양한 스타일을 즐길 수 있다. 기본 롤부터 스페셜 롤, 전문점의 롤과 스시까지 다양한 레시피 56가지를 담았다.

리스컴 편집부 | 152쪽 | 190×245mm | 12,000원

내 몸이 가벼워지는 시간
샐러드에 반하다

영양을 골고루 담은 한 끼 샐러드, 간편한 도시락 샐러드, 저칼로리 샐러드, 곁들이 샐러드 등 쉽고 맛있는 샐러드를 담았다. 칼로리를 조절할 수 있도록 총칼로리와 드레싱 칼로리를 함께 표시한 것이 특징이다. 45가지 드레싱도 알려준다.

장연정 지음 | 168쪽 | 250×256mm | 12,000원

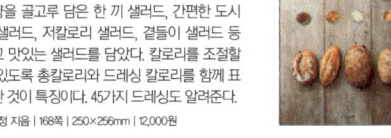

천연 효모가 살아있는 건강 빵
천연발효빵

맛있고 몸에 좋은 천연발효빵을 소개한 책. 단순한 홈베이킹의 수준을 넘어 건강한 빵을 찾는 웰빙족을 위해 과일, 채소, 곡물 등으로 만드는 천연 발효종 20가지와 천연 발효종으로 굽는 건강빵 레시피 62가지를 담았다.

고상진 지음 | 200쪽 | 210×275mm | 13,000원

로푸드 다이어트 레시피 103
로푸드 디톡스

로푸드는 체내의 독소를 제거하고 면역력을 높여줘 자연스럽게 다이어트까지 이어지도록 한다. 로푸드 레시피 103개와 주스 펄프 사용법, 활용도 만점 드레싱 등 플러스 레시피가 수록돼있어 로푸드가 낯선 사람도 어렵지 않게 시작할 수 있다.

이지연 지음 | 216쪽 | 210×265mm | 12,000원

바쁜 사람도, 초보자도 누구나 쉽게 만든다
무반죽 원 볼 베이킹

누구나 쉽게 맛있고 건강한 빵을 만들 수 있도록 돕는 책. 61가지 무반죽 레시피와 전문가의 Plus Tip을 담았다. 이제 힘든 반죽 과정 없이 볼과 주걱만 있어도 집에서 간편하게 빵을 구울 수 있다. 초보자에게도, 바쁜 사람에게도 안성맞춤이다.

고상진 지음 | 200쪽 | 188×245mm | 14,000원

내 몸을 건강하게 하는 1주일 디톡스 프로그램
프레시 주스 & 그린 스무디

신선한 과일과 채소로 만든 66가지 주스 레시피를 담은 책. 주스뿐만 아니라 재료의 영양이 살아있는 스무디, 원기를 충전해주는 부스터 샷까지 있어 건강과 맛을 동시에 챙길 수 있다. 누구나 따라 할 수 있는 그린 디톡스 플랜을 소개해 다이어트에 효과적이다.

펀 그린 지음 | 이지은 옮김 | 164쪽 | 170×230mm | 12,000원

가볍게 만들어 분위기 있게 즐기자
오늘은 샌드위치

초보자들도 쉽게 만들 수 있는 메뉴부터 전문점 못지않은 럭셔리한 종류까지 66가지의 다양한 샌드위치를 소개한 책. 기본 샌드위치, 스페셜 샌드위치, 토스트 & 핫 샌드위치, 버거 & 랩 샌드위치, 전문점 인기 샌드위치 등으로 파트를 나누어 입맛에 따라 선택할 수 있다.

안영숙 지음 | 128쪽 | 180×230mm | 10,000원

맛있고 몸에 좋은 카페 스타일 드링크
홈메이드 천연 음료

과일 주스에서부터 커피음료까지 다양한 음료 레시피를 담은 책. 첨가물 걱정 없는 진짜 100% 과일 채소 주스와 과일이 듬뿍 들어간 스무디, 맛있는 에이드, 아이들이 좋아하는 밀크셰이크와 초콜릿 음료, 차와 커피, 칵테일 등 107가지 다양한 음료를 만날 수 있다.

이지은 지음 | 136쪽 | 190×245mm | 9,800원

빠르고 간단하게, 영양 많고 맛있게
Everyday 달걀

누구나 쉽게 만들어 건강하게 즐기는 달걀 레시피. 밥 반찬부터 일품요리, 샐러드, 디저트, 음료까지 다양한 달걀요리를 담았다. 완전식품 달걀을 준비해 간단한 아침식사로, 건강을 위한 웰빙식으로, 날씬한 몸매를 가꾸는 다이어트식으로, 후다닥 준비하는 간식으로 멋지게 즐겨보자.

손성희 지음 | 136쪽 | 190×245mm | 10,000원

알면 알수록 특별한 술
와인 & 스피릿

포도 품종과 지역별 특징, 고르는 법, 라벨 읽는 법, 마시는 법까지 와인의 모든 것을 자세히 알려주는 지침서. 소믈리에가 추천한 100가지의 와인 리스트는 초보자도 와인을 성공적으로 고를 수 있도록 도와준다. 비즈니스에서 빼놓을 수 없는 양주에 대해서도 알려준다.

김일호 지음 | 216쪽 | 152×225mm | 12,000원

촉촉하고 부드럽게, 건강하고 실속 있게
프렌치토스트 & 핫 샌드위치

한 끼 식사로, 간식으로 좋은 프렌치토스트와 핫 샌드위치 64가지를 소개한다. 정통 레시피부터 색다른 맛, 시판 음식을 이용한 레시피까지 간단하고 맛있는 메뉴가 가득하다. 토핑과 속재료가 한눈에 들어가 누구나 쉽게 만들 수 있다.

마나구치 나호코 지음 | 112쪽 | 180×230mm | 11,200원

• 리스컴이 펴낸 책들 •

제주에서 만난 길, 바다, 그리고 나
나 홀로 제주

혼자 떠난 제주에서 만나는 관광지, 맛집, 카페, 숙소 등을 소개한 책. 일상에 지친 사람이라면 혼자 떠나보자. 이 책은 제주를 북서부, 북동부, 남동부, 남서부 4지역으로 나눠 자세히 소개하고, 혼여행족이 알아두면 좋을 팁과 제주 전체 지도, 오일장 등의 정보도 담았다.

장은정 지음 | 320쪽 | 138×188mm | 15,000원

우리 주변의 아름다운 모습 40가지
즐거운 수채화 그리기

초보자부터 숙련자까지 취미로 수채화를 배우는 사람들에게 좋은 교재다. 40가지 테마의 수채화 그리기가 자세히 소개되어 있다. 각 테마마다 그리기 순서에 따른 상세한 설명이 소개되어 실력에 맞는 그림을 선택해 그릴 수 있다.

에마 블록 지음 | 216쪽 | 188×200mm | 15,000원

현지인이 알려주는 싱가포르의 또 다른 모습들
지금 우리, 싱가포르

싱가포르는 작지만 멋진 풍경과 먹을거리, 즐길거리 등이 풍성한 매력적인 여행지다. 이 책은 4년간의 싱가포르 생활을 통해 쌓은, 살아있는 정보들을 알려주는 여행 책이다. 유명 여행지는 물론 현지인만이 아는 숨은 명소, 경험으로 얻은 꿀팁을 담았다.

최설희 글, 장요한 사진 | 288쪽 | 138×188mm | 13,500원

쉬운 재단, 멋진 스타일
내추럴 스타일 원피스

베이직한 디자인으로 언제 어디서나 자연스럽게 직접 만들어 예쁘게 입는 나만의 원피스. 여자들의 필수 아이템인 27가지 스타일 원피스를 담았다. 실물 크기 패턴도 함께 수록되어 있어 재봉틀을 처음 배우는 초보자라도 뚝딱 만들 수 있다.

부티크 지음 | 112쪽 | 210×256mm | 10,000원

애니메이션으로 만나는 또 다른 일본
낭만 레트로 일본 애니여행

애니메이션에 등장하는 장소와 만화가들의 흔적을 찾아보는 신개념 테마 여행. 남녀노소 누구나 좋아하는 일본의 애니메이션 포인트 11곳을 담았다. 여행 정보와 주변 관광지도 함께 소개해 처음 방문하는 사람이라도 즐겁게 떠날 수 있다.

윤정수 지음 | 208쪽 | 138×190mm | 12,000원

자수 한 땀, 사랑 한 땀, 행복 한 땀
프랑스 자수

바쁜 일상에 삶의 여유를 찾고 싶다면 아름답고 사랑스러운 프랑스 자수를 시작해보자. 이 책에서는 초보자도 쉽게 시작할 수 있도록 기본 스티치부터 단순하고 예쁜 도안 40가지를 소개한다. 사계절 풍경과 꽃, 동물 등 사랑스러운 작품을 만들어보자.

줄리엣 미슐레 지음 | 120쪽 | 188×200mm | 12,000원

마음이 짠해 홀로 짠한 날
짠한 요즘

현실은 청춘에게 너그럽지 않다. 이 책은 짠한 청춘들에게 공감이란 이름의 위로를 건넨다. 사람에 치여 나 홀로 즐기는 혼술과 혼밥을 이야기하며 짠한 청춘을 다독인다. 누군가 알아주지 않아도, 누군가 인정하며 박수쳐주지 않아도, 부지런히 오늘을 채우는 당신. 그거면 됐다고…

우근철 지음 | 208쪽 | 138×190mm | 13,000원

트러블·잡티·잔주름 없는 명품 피부의 비결
홈메이드 천연화장품 만들기

피부를 건강하고 아름답게 만들어주는 홈메이드 천연화장품 레시피 북. 고급스럽고 내추럴한 천연화장품 35가지가 담겨 있다. 단계별 사진과 함께 자세히 설명되어 있어 누구나 쉽게 만들 수 있고, 사용법도 친절하게 알려준다.

카렌 길버트 지음 | 152쪽 | 190×245mm | 13,000원

낯선 도시로 떠나 진짜 인생을 찾는 이야기
내가 누구든, 어디에 있든

낯선 도시 뉴욕에서 꿈을 살다 온 청춘의 이야기. 꿈, 희망, 행복, 친구, 여행 등을 담아낸 73개의 담백한 에피소드와 다양한 그림, 사진을 실었다. 이 책의 모든 그림들은 뉴욕에서 아트북을 출간할 정도로 감각적인 실력을 갖춘 김나래 작가가 직접 그렸다.

김나래 지음 | 240쪽 | 138×188mm | 13,000원

작은 공간을 두 배로 늘려주는
정리와 수납 아이디어 343

'숨은 공간'을 활용해 정리와 수납을 완성하도록 도와주는 책. 수납 전문가들의 노하우가 한가득 담겨 있다. 물건을 줄이지 않고 쾌적한 집을 만들어주는 깔끔한 정리의 기술이 다양한 사례와 사진과 함께 자세히 나와 있다.

오렌지페이지 지음 | 128쪽 | 210×275mm | 10,000원

아침 5분, 저녁 10분
스트레칭이면 충분하다

몸은 튼튼하게 몸매는 탄력있게 가꿀 수 있는 스트레칭 동작을 담은 책. 아침 5분, 저녁 10분이라도 꾸준히 스트레칭하면 하루하루가 몰라보게 달라질 것이다. 아침저녁 동작은 5분을 기본으로 구성, 좀 더 체계적인 스트레칭 동작을 위해 10분, 20분 과정도 소개했다.

박서희 지음 | 88쪽 | 215×290mm | 8,000원

하루 15분
필라테스 홈트

필라테스는 자세 교정과 다이어트 효과가 매우 큰 신체 단련 운동이다. 이 책은 전문 스튜디오에 나가지 않고도 집에서 얼마든지 필라테스를 쉽게 배울 수 있는 방법을 알려준다. 난이도에 따라 15분, 30분, 50분 프로그램으로 구성해 누구나 부담 없이 시작할 수 있다.

박서희 지음 | 128쪽 | 215×290mm | 10,000원

통증 다스리고 체형 바로잡는
간단 속근육 운동

통증의 원인은 속근육에 있다. 한의사이자 헬스트레이너가 통증을 근본부터 해결하는 속근육 운동법을 알려준다. 마사지로 풀고, 스트레칭으로 늘이고, 운동으로 힘을 키우는 3단계 운동법으로, 통증 완화는 물론 나이 들어서도 아프지 않고 지낼 수 있는 건강관리법이다.

이용현 지음 | 156쪽 | 182×235mm | 12,000원

국내 최고 의료진과 전문 영양사의 처방
비만클리닉, 똑똑한 레시피로 답하다

분당서울대학교병원 의료진과 영양사가 알려주는 비만의 모든 것. 비만의 원인과 비만으로 생기는 질병, 소아 비만과 노인 비만, 올바른 식이요법과 운동법, 약물치료와 수술 등을 상세히 알려준다. 각 음식과 한 끼, 하루 식단에 칼로리와 나트륨, 영양 구성도 표시했다.

분당서울대학교병원·한화호텔앤드리조트 지음 | 320쪽 | 188×245mm | 18,000원

건강은 생활습관입니다!
아프지 않고 건강하게 사는 생활실천법

국내 식품영양학의 최고 권위자이자 장수박사로 유명한 유태종 교수가 그동안의 경험과 연구결과를 모아 건강장수비법을 정리했다. 생활 습관, 식사법, 운동법, 마음건강법 등 4개의 장으로 나누어 건강과 장수의 이론과 실제 사례, 구체적인 생활실천법을 소개한다.

유태종 지음 | 256쪽 | 152×223mm | 13,000원

똑똑한 엄마의 선택
닥터맘 이유식

생후 4개월부터 36개월까지 단계별로 꼭 필요한 영양을 담은 건강 이유식 레시피. 미음부터 죽, 진밥, 덮밥, 국수, 샐러드, 국, 반찬 등 다양한 이유식과 유아식을 담았다. 차근히 따라 하면 건강하고 튼튼하게 키울 수 있다.

닥터맘 지음 | 216쪽 | 190×230mm | 13,000원

영양사 엄마와 소아과 원장이 함께 차리는
우리 아이에게 꼭 먹이고 싶은 유아식

영양사 출신의 엄마와 소아과 원장이 함께 소중한 우리 아이를 위한 맛깔 나는 영양 만점 유아식을 완성했다. 아이의 건강을 위해 꼭 필요한 반찬부터 생일상 차리기까지 완벽한 유아식 레시피 120가지를 골고루 담았다.

박효선·서정호 지음 | 256쪽 | 190×230mm | 13,000원

재미있고 신나게 요리하며 공부해요
조물조물 뚝딱뚝딱 어린이 요리

생각을 키우고 오감을 발달시키며 요리에 대한 흥미를 키워주는 어린이 요리책. 과학, 수학, 미술, 영어 등과 연계한 45가지의 어린이 요리를 소개한다. 엄마와 아이의 맞춤 요리책으로, 아이들의 창의력을 발달시키는 놀이도구로 좋다.

이지은 지음 | 136쪽 | 210×275mm | 11,200원

독서와 질문으로 생각하는 힘 키우기
하브루타 창의력 수업

교육 1번지 대치도서관 관장이 경험을 바탕으로 유대인의 교육법인 하브루타와 독서를 접목한 '하브루타 독서법'을 소개한다. 함께 책을 읽고 질문하고 토론함으로써 아이들의 사고력과 창의력을 키우는 기적의 독서법이다. 가정에서 진행할 수 있도록 상세한 방법과 사례를 담았다.

유순덕 지음 | 216쪽 | 152×223mm | 13,000원

똑똑하고 감성적인 아이로 키우는
0~6세 아기와 책 읽기

태아 때부터 영유아기까지 아이의 나이와 상황에 맞는 책 읽기와 이야기 만들기, 아이와 교감하며 책 읽는 기술 등을 알려준다. 독서지도 전문가가 추천하는 책들은 물론, 내 아이를 주인공으로 하는 맞춤 이야기들도 소개되어 있다.

앨리슨 데이비스 지음 | 112쪽 | 190×260mm | 10,000원

유익한 정보와 다양한 이벤트가 있는
리스컴 블로그로 놀러 오세요!

홈페이지 www.leescom.com
리스컴 블로그 blog.naver.com/leescomm
인스타그램 www.instagram.com/leescom

언제 어디서나 갖고 다니며 펼쳐보는 **작고 알찬**

임신 출산 핸디북

지은이 | 사라 조던 · 데이비드 우프버그
옮긴이 | 서예진

출력 · 인쇄 | HEP

초판 1쇄 | 2015년 9월 1일
초판 4쇄 | 2019년 7월 18일

펴낸이 | 이진희
펴낸 곳 | 리스컴

주소 | 서울시 강남구 광평로 295, 사이룩스 서관 1302호
전화번호 | 대표번호 02-540-5192
        영업부 02-544-5934, 5944
        편집부 02-544-5922, 5933 / 02-544-5934
FAX | 02-540-5194

등록번호 | 제2-3348

The Pregnancy Instruction Manual by Sarah Jordan and David Ufberg M.D.
Text Copyright © 2008 by Quirk Productions, Inc.
Illustrations Copyright © 2008 by Headcase Design
All right reserved.
First published in English by Quirk Books, Philadelphia, Pennsylvania.
Korean language edition © 2015 by Leescom
Korean translation rights arranged with Quirk Productions, Inc., Philadelphia, U.S.A
through EntersKorea Co., Ltd., Seoul, Korea.

ISBN 979-11-5616-078-6 13590
책값은 뒤표지에 있습니다.